人工知能が俳句を詠む

ＡＩ一茶くんの挑戦

川村秀憲・山下倫央・横山想一郎 共著

人工知能が俳句を詠む

ＡＩ一茶くんの挑戦

はじめに

人工知能と俳句の話を始めるにあたって、まずは二つの俳句を紹介したいと思います。

見送りのうしろや寂し秋の風
病む人のうしろ姿や秋の風

実はこれらの句のうち、一方は『奥の細道』で有名な松尾芭蕉が詠んだ俳句であり、もう一方は私たちが開発した人工知能「AI一茶（いっさ）くん」で生成した俳句です。これらの俳句をぱっと見て、どちらが芭蕉の句で、どちらがAI一茶くんの句か見分けはつくでしょうか。もし見分けがついたなら、なぜそのように思われたのでしょうか。

人が持っている知能と比べて、今の人工知能の技術でできることはまだとても限られています。私たちが生きている複雑性に富んだこの現実世界の中において、コンピューターが扱えるように上手に定式化された一部の問題を人並みに解決できるようになった程度です。それでも、新聞やテレビで人工知能の技術の驚くような進歩を見聞きすることが多くなりました。今の人工知能の核心的技術であるディープラーニング（深層学習）も日々進歩しています。ついこの間まで機械に行わせることは難しいと思われていた、人の顔を見分けてスマートフォンを認証することや、英語の文章を日本語に翻訳することなども驚くべき精度で実現可能となってきています。この先、人工知能の技術革新はどうなっていくのでしょうか。そして、どこまで進むのでしょうか。

その昔、光の屈折現象を利用してつくられた光学レンズのように、テクノロジーは物理現象や化学的反応をその構成要素として利用することでつくられてきました。その後、レンズを組み合わせて望遠鏡や顕微鏡がつくられたように、一度つくられたテクノロジーは次のテクノロジーを構成する要素となっていきます（W・ブライアン・アーサー et al., 2011）。テクノロジーの進歩は、その過程で新しい要素を次々と生み出し、その要素が再利用されることで次のテクノロジーが生まれてくるといったように、再帰的に発展する性質を持っているのです。この性質上、テクノロジーというものはその発展速度がどんどんと加速していきます。

そのようなテクノロジーの進歩の例として、ムーアの法則（Moore, 2009）が有名です。ムーアの法則は、コンピューターの主要な部品である集積回路の規模に関する経験則です。ムーアの法則が提唱された一九六五年には、集積回路一つは数十個程度の素子で構成されており、コンピューターをつくるには多数の集積回路を組み合わせる必要がありました。集積回路の専門家であったゴードン・ムーアは、当時つくられていた集積回路の素子数が一年でおおよそ二倍のペースで増加していたことに注目し、集積回路の発展は今後も同じペースで続くと考えました。

一年間に二倍のペースで増えるとすると、二年後に四倍、三年後には四かける二で八倍となり、十年後には千二十四倍にもなります。現在に至るまで、集積回路の規模は増加を続けており、二〇二〇年現在のスマートフォンには、八十五億個ものトランジスタを収めた集積回路が搭載されています（Ramish, 2019）。これはすでに、二十年前のスーパーコンピューターを超えるレベルです。このような急激な成長は指数関数的成長と呼ばれており、集積回路以外のテクノロジーも同じように進歩が加速していると考えられています。今後、ディープラーニングを始めとする人工知能に関するテクノロジーの進歩もまた、指数関数的に成長していくでしょう。

私たちは今、人工知能を代表とするテクノロジーが爆発的な発展を遂げる新しい世界への入り口に立っています。私たちはこのような状況をどう理解し、未来に向けて何を考えていくべきなのでしょうか。

ここで、俳句の話に戻りたいと思います。これまで俳句は人が嗜むものでしたが、私たちは最新の人工知能の技術を用いて俳句を生成し、さらには俳句を批評することを目指して研究に取り組んでいます。

俳句生成を人工知能のタスク（課題）と捉えたとき、人工知能研究における多くの未解決の課題に向き合う必要があります。例えば俳句を詠むときには、どのようなことを伝えたいのか、それにあわせてどのような言葉を組み合わせるのかを考える必要があります。テーマとなる季語を限定して俳句を詠むことなどもありますが、それでも数多くの選択肢の中で伝えたいことや言葉を限定し、適切に可能性を絞っていくプロセスが必要となります。さらには、その俳句は人の心にどのように働きかけるのかも理解する必要があるのです。研究は始まったばかりで、難題が数多くあります。それでも最初に紹介した例のように、芭蕉が詠んだものとすぐには区別することが難しい俳句を生成できるレベルになってきています。

私たちは北海道大学大学院情報科学研究院調和系工学研究室を拠点として、人工知能技術を応用して人々の幸せと社会の調和に貢献することを目標に研究を進めています。しかし、私たちのような人工知能の研究者でさえ、この先、人工知能によってどのようなことが可能となっていくのか、また人と機械やコンピューターとの関わりがどのようになっていくのかは明確には見通せていません。ですが、いかに人工知能が発展しようとも人間が持つ深遠な知能の本質は変わらないはずであり、今後もテクノロジーや人工知能との関わりを許容しながら、人々は社会生活を営んでいくはずです。

初めに紹介した芭蕉と人工知能の俳句の答えと解説は、本書のおわりにで説明したいと思います。芭蕉の詠んだ句と人工知能で生成した句の違いを判断することは、人間だからできるのでしょうか。それとも、機械にもその違いを判断することが可能になる日がくるのでしょうか。

今の人工知能で何がどこまでできるようになったのか。未だ人工知能にできないことは何なのか。私たちの未来が人工知能の発展とともにどのように変わり、人と人工知能の関係がこの先どのようになるのか。本書が人工知能による未来を考えていく一助となれば幸いです。

二〇二一年六月

著者

目次

第3章 人工知能を実現する技術

第4章 人工知能と創作

第1章
人工知能が俳句を詠む日

かおじまい　つきとにげるね　ばななな

二〇一七年春　AI一茶くん

人工知能俳句はじめの日

「人工知能に俳句を詠ませることはできますか？」

二〇一七年春、出張中の電車の中だったと思いますが、スマートフォンのメッセンジャーに知人からの問いかけがありました。問いを発した知人は研究者ではありません。それは、意味深な問いというよりふと心に浮かんだ、ちょっとした疑問だったのだと思います。ですがこの問いの中に、人工知能の研究分野で長年議論されてきた、多くの未解決課題が凝縮されているような気がしてハッとさせられました。

「やってみましょう！」

すぐにメッセンジャーで返事を送り返しました。この瞬間から、私たちの果てしない人工知能と俳句の研究が始まりました。

これまで私たちの研究室では、例えばドライブレコーダーの画像から運転者が安全に運転しているかどうかを判断する動画解析（木戸口 et al., 2018）や、屋外に設置したカメラの画像から路面に雪が積もっているかどうかを判断する画像認識（横山 et al., 2018）。ちょっと変わったところでは、競輪のレース結果を予測して予測記事を自動生成する技術（吉田 et al., 2019）などの研究を行ってきました。これらの研究は、技術的には新しいチャレンジを含んではいるものの、人の知能の本質に迫るというよりは、限定された形でのタスク（課題）において人の能力を代替する人工知能を開発するような研究になります。

人のように本当にものを考えたり、意識をもったりする人工知能を「強い人工知能」と呼びます（Searle, 1980）。それに対して、表面的にあたかも人のように考え、まるで心があるかのように見える人工知能を「弱い人工知能」と呼びます。これまでの私たちの研究はまさに「弱い人工知能」として課題解決を行うものでした。もちろん「弱い人工知能」の研究を通して世の中の役に立つものはつくれますし、その研究はとても有意義です。しかし、このような「弱い人工知能」の研究の延長線上で、知能とは何なのかという科学的、哲学的な問いへの本質的な答えに迫ることは難しいと言わざるを得ません。

「より知能の本質に迫るため、本当の意味で機械が知能を獲得するために何が必要なのか？」

私たちは人工知能で俳句を生成したり、俳句を批評したりという研究が、この問いへの一つのアプローチになるのではと考えたのです。

実は、人工知能で俳句を生成するという試みは私たちの研究が最初ではありません。一九六八年にロンドンで「Cybernetic Serendipity（サイバネティック・セレンディピティ）」という、世界で初めてのコンピューターアートに関する展覧会が開催されました（Reichardt, 1968）。そこでは、ビジュアルアート、音楽、詩、物語、ダンス、アニメーション、彫刻などの発表が行われました。そして、その中に俳句を生成するコンピューターに関する展示もありました。ただ、ここで行われていた俳句生成の試みは、アルゴリズムベース、すなわち単純なルールから言葉の組み合わせを出力するという極めて初期的なものであり、知能を実現しているというレベルには遠く及びませんでした。

また、日本でも一九七九年に国語学者・言語学者である水谷静夫が「俳句を作る計算機」というタイトルの論文を発表しています（水谷, 1979）。ここで提案されたコンピューターで俳句を生成する方法は、どんなお題が出されてもうまくまとまるような俳句の一節をあらかじめたくさん記録しておき、人が入力したお題と繋ぎ合わせて俳句を生成するという単純なものでした。それは、俳句を詠むような知能を実現する試みというよりは、単純な方法でも一見すると出来の良い俳句が生成されることを示し、日本語研究にコンピューターを使うことの意義を探ろうとした実験的な試みだったのです。

こうした試みからすでに半世紀が経っています。コンピューターの性能向上を経て多くの技術を手に入れた現在の私たちであれば、もっと本質的な取り組みができるのではないかと考えました。しかも人工知能で俳句を生成するという試みには、これまでの人工知能の研究では未だ解決されていない、言葉の理解、現実世界の情報と言葉との相互変換、言葉を通した人との相互作用、などといった難しい課題が含まれているのです。

俳句をただ生成するのではなく、人とともに俳句の良さを味わったり、なぜこの俳句が良いのかを人に説明したりすることが人工知能で実現できるのなら、言葉を通じて現実世界の状況や出来事を人に説明したり、人の心の動きに寄り添ったり、より高みを目指そうとする人の努力を導いたりすることが人工知能でできるようになるかもしれません。このようなことを考えながら、俳句を良い切り口として「強い人工知能」の本質に迫っていきたいと思い、人工知能と俳句の研究を始めたのです。

AI一茶くん誕生

人工知能と俳句の研究を始めるにあたり、考えなければいけないことはたくさんあります。近年、人工知能の基礎として注目を集めている技術にディィープラーニング（深層学習）があります。ディープラーニングでは、例えば人がつくったお手本となるデータを教師データとして、大量の教師データからその判断を学ぶことによって性能を向上させていきます。俳句を生成する人工知能を開発していくためには、お手本となる俳句そのもののデータはもちろんですが、何をテーマにして詠んだ俳句なのか、どのような心情が詠まれているのかなど、さまざまな観点からの大量のデータが必要になります。特に、俳句の良し悪しを学ぶためには、俳句の評価に関する教師データが必要不可欠となります。しかし、古典や現代俳句を含めて俳句そのものはたくさんありますが、他人の詠んだ俳句を読んだときに人はどう思うのか、どう評価するのかという大量のデータはほとんどありません。

図1.1　AI一茶くん（坊や）のイメージキャラクター

図1.2　2017年NoMapsデモンストレーションブース会場にて、AI一茶くん（坊や）による俳句生成を視察する秋元克広札幌市長

そこで、研究のはじめの一歩として、データ収集をたくさんの人に協力してもらうことを考えていたところ、毎年十月に札幌で行われているNoMapsというおあつらえ向きのイベントがありました。NoMapsはテクノロジー、クリエイティビティー、文化に関して発表・展示などが行われるイベントです。ここでデモを公開することによって俳句の「いいね」を集め、市民参加型で人工知能を育ててもらうプロジェクトとして考えたのです。こうして、俳句を生成する人工知能を「ＡＩ一茶くん（坊や）」と名付け、二〇一七

年夏に研究を開始しました。「坊や」と名付けたのは、俳句を生成する人工知能の技術レベルの進展を、人間が子供から大人へと成長する様子に例えてわかりやすく表現しようと思ったからです。

一茶くん（坊や）を開発するにあたり、人によって過去に詠まれたたくさんの俳句をディープラーニングによって学習し、コンピューターに新しい俳句を生成させることを考えました。また、扱う文字数が多くなることから、いきなり初期段階で漢字仮名交じりの俳句を扱うのは難しいと考えました。そこで、有志により作成され公開されていた「一茶の俳句データベース」（一茶研究会　一茶弐萬句データーベース作成プロジェクト, 2014）を参考にして、小林一茶の俳句をひらがなに直したおよそ二万句を一茶くんに学習させせました。

なぜ小林一茶を選んだかというと、いくつかの理由があります。人工知能のお手本にする俳句には、皆に認められた著名な俳人の作品が適しているだろうと考えたこと。一茶の作品データベースとして、漢字交じりの俳句本文だけでなく、読み仮名や出典が格納されたものが公開されており利用しやすかったこと。作風として普段の生活の何気ないシーンを描写するわかりやすい作品が多かったことなどです。松尾芭蕉など他の著名な俳人に比べ、一茶がより多くの俳句を残していることも、大量のデータを必要とするディープラーニングの学習に有利と考えました。

一茶くん（坊や）では、ＬＳＴＭ（Long Short Term Memory）（Hochreiter & Schmidhuber, 1997）と呼ばれるディープラーニングのモデルを用いました。ＬＳＴＭでは、教師データの中の俳句それぞれについて、最初の一文字目が何の文字であるかをまず学習します。次に、一文字目に続く二文字目、二文字目に続く三文字目を順に学習していきます。それを繰り返すことで、教師データの俳句の文字列の並びを学習していくことができます。この学習を終えたLSTMに新しい俳句を出力させるには、一文字目を何らかの方法で確率的に選んで入力します。そうすると、その文字に続く文字を出力させることができます。その文字をまた入力にして次の新しい文字を出力させます。この工程で十七音に達するまでひらがなを出力させれば、俳句らしきものができる仕組みです。

　この仕組みでつくられた、初期の頃の一茶くんの出力は次のような感じでした。

かおじまい　つきとにげるね　ばななな

こあついの　かねのしたして　すむかおし

いいせらを　あずんなさいる　かばせかな

はつゆきよ　いうじんていの　かどずかな

ねみどしの　しわかさかりの　おばんかな

くんどんめ　おんのなたしと　なととぎす

やりうずの　さまにまされな　とだのなり

おいしこめ　しならねてくら　でたとかな

うぶさゆら　まんつつらけく　まんのなく

やのくかり　つまにとつそや　とおのつみ
ふるごなは　しょよいよもべら　ぬすすかみ

一見、日本語としては意味不明な文字列です。しかし、よくよく眺めてみると日本語のようなリズムが感じられる気がしてきます。意味は全く通らないけれども日本語のように聞こえる言葉を並べる「ハナモゲラ」という言葉遊びの中に、「ハナモゲラ和歌」というもの（筒井 et al., 1979）がありますが、とてもそれに似ています。全くランダムに生成されたひらがな列とは違うように見えます。参考までに、五十音から等確率に選択して全くランダムに作成した十七音のひらがながこちらです。

まゆたれそ　ずぱもぎみしぷ　けげぼぎつ
ぽやどむて　せがつめよいぞ　くふぷよで
ぞごゆやぱ　きかべぎことつ　うづみずぷ
ばしづらめ　もどばぷじぴし　ぷげぢまっ
さへがほか　をちへあめねし　よらめくり
まつふるい　がみでぷつでげ　とごれのだ
ははぢどず　ぜゆぷりょみげ　ほんむたふ

へどぺまだ　がふよむづまち　ひゆをそて
ざにぷねゆ　つぎっにちひき　すざへゆぢ
わよずひぐ　せくおぜっき　ろけきぷぐ

二つを比べてみると、日本語のようなリズムが感じられる一茶くんの十七音とは違い、ランダムに生成した十七音は明らかにランダムで、少しもリズムや意味が感じられません。ランダムに生成した方が濁音や半濁音がついた文字の使い方にも違和感があります。両者とも日本語として意味は通じないのでこれ以上の違いを論じることは難しいのですが、人がこの二つを眺め比べたときに感じるものは、人が文字の並びから何かを解釈しようとする自然な知能の働きであると考えられます。まるで、インクのしみを人に見せて何を想像するかを述べてもらい、それを分析することで思考過程やその障害を推定するロールシャッハ・テストの言語版を行っているような気にもさせられます。初期の一茶くんは人の自然な知能に働きかけるような、形容しがたい言葉の並びを生成しているように思えます。

さて、このようにしてつくられた意味不明な一茶くんの最初の作品をNoMapsの市民展示にて披露し、道行く札幌市民に採点してもらいました。俳句の出来としては意味不明なレベルではありますが、研究に必要なデータを収集するとともに、最初の取り組みから公開して一般の人々に今後の一茶くんの成長を見届けてもらいたいという思いがありました。

NoMapsでは、人工知能で生成した俳句を採点するという取り組みそのものに対しては市民の興味を引き、多くの人に足を止めてもらえました。しかし、まだ最初の取り組みということで、意味不明な俳句のようなものの出来に関する反応は、どう理解してよいかわからない、という感じでした。テレビのニュース番組にも取材してもらいましたが、「こあついの　かねのしたして　すむかおし」という句に対して、「ちょっとよくわからないですけど……開発段階ということなので成長に期待しましょう」というコメントの通り、画面上での採点には「?」がついているものが多くありました。

NHK「超絶　凄ワザ!」からの挑戦状

ちょうど私たちが一茶くんの開発を進めながら四苦八苦していた頃、NHK(日本放送協会)のディレクターから突然一本の電話がかかってきました。「超絶 凄ワザ!」という番組で人工知能と人類の俳句対決を企画しているのですが、興味はありませんか?」

一茶くんが俳句対決?　しかも対決するなら収録は三ヶ月後で、相手には人類最強チームを準備すると言います。私たちがこの突然の提案にどれほど驚いたかは想像に難くないと思います。

そもそもこのときの一茶くんの実力は、なんとなく人が選んだ一番出来の良い俳句でさえ、「かおじまい つきとにげるね ばななな」という程度でした。人類最強チームと対決するどころか、日本語として意味をなしていない俳句しか生成することができません。三ヶ月で人類と対決するような俳句を生成する人工知能が開発できるのか。恥をさらす結果になってしまわないのか。非常に悩みましたが、せっかくの大舞台でのオファーです。どこまでできるかは全くわかりませんでしたが、「なんとかなるだろう」と楽観的にオファーをお受けすることにしました。

後で聞いた話ですが、番組の企画自体は私たちのプロジェクトとはまったく無関係に立ち上がったそうです。番組では、人と人工知能のファッションコーディネート対決、タクシー売上げ対決も同時に企画されていたそうですが、なぜその対決に俳句が加わったのでしょうか。実は番組担当のディレクターがちょうど直前まで全国高等学校俳句選手権大会（通称「俳句甲子園」）の取材を担当しており、その過程で高校生が成長し、対決する様子に心打たれたそうです。例えば、俳句の中で使う助詞を「に」にするのか「へ」にするのかで一日中大議論を行ったり、良い俳句をつくるために夏休みに合宿までして一万句以上を作ったりする様子を取材し、それを人類vs.人工知能で繰り広げられれば面白い番組になるとの確信から企画を行ったと伺いました。当時のディレクター曰く、「人類vs.人工知能の番組はこれまでも数多くあったが、これからの時代、そこからさらに一歩進んだ『感性』の戦いを見てみたかった。そんな中、俳句甲子園の取材を通して、たった十七音（五十音が十七個繋がっているだけ）の中に、無限の創造性を生み出す『俳句』こそ、まさに人類vs.人工知能の感性対決としての第一歩となるに違いないと〝ビビっときた！〟」そうです。

そんな中、いろいろ調べるうちに私たちの研究にたどり着いたそうです。私たちが挑戦を受けると返答したあと、参考までにその時点での一茶くんで生成した俳句として「かおじまい　つきとにげるね　ばななななな」をお送りしたところ、局内で随分と不安の声があがったそうです。今ではもう笑い話ですが。

番組のための取り組みを説明する前に、俳句甲子園での団体戦について少し触れておきたいと思います。この団体戦は句合（くあわせ）の形式で行われます（NPO法人俳句甲子園実行委員会, 2019）。二チームが赤白に分かれて先鋒戦、中堅戦、大将戦といったように一句ずつ句を出し合う披講（俳句の披露）が行われたあとに質疑応答の時間が設けられ、各チームが相手チームの句に意見や感想を述べて質疑、鑑賞を行います。複数の審査員は俳句そのものを評価する作品点に加え、質疑応答でのやり取りを評価する鑑賞点を付けた旗を上げ、その本数で試合の勝敗が決まります。三句勝負では二本先取、五句勝負では三本先取で勝利となります。

勝つためにはいくつかのポイントがあります。良い俳句を詠まなければいけないのはもちろんですが、どのような順番で俳句を出していくのか。また、対戦相手の俳句を解釈して質問や欠点の指摘を行うことで、作品への理解度を高める建設的な議論を引き出せるのか。対戦相手の俳句の魅力を詠み手とは違った視点から語ることができるのか。他方では、説得力を持って自らの句の良さを説明できるのかといったことが求められます。良い俳句さえ詠めればよいというだけではなく、俳句に関する感性と理性の総力戦といったところでしょうか。ルールもよく考えられているので、将来的にはそこに人工知能を参加させて人と同等に競わせることができれば、人工知能研究にとってても面白いテーマになりそうです。

人工知能をつくるという取り組みにおいて、人工知能の出来具合、実力を測るということはとても重要になってきます。実力を正確に把握できていないとより高みを目指すことができませんが、「知能の実力を正確に把握する」ということ自体がかなり難しいのです。人より人工知能が圧倒的に強くなってしまった将棋や囲碁などのゲームでは、すでに人との対決が測定器の役目を果たせなくなっています。だからこそ、俳句を人工知能の実力測定器として用いるのです。人と同じように言葉を使いこなし、感性を持って勝負をつけるという抽象度の高いルールの中で、どう知能を実現していくのか、とてもワクワクするテーマです。

さて、このような経緯でＮＨＫ「超絶 凄ワザ！」での俳句対決が決まりました。対決方法は「写真で一句」の三番勝負。相手チームは松山市を中心に活躍する最強俳人チームとのことです。勝負を受けたからには、私たちも実力を出し切って恥ずかしい戦いにはならないように頑張りたいところです。そこで、私たち北海道大学大学院調和系工学研究室メンバーのほかに、同じく北海道大学の日本語学研究者である伊藤孝行准教授と、普段から交流のあったＩＴベンチャーの株式会社テクノフェイスの技術者などを交えた産学連携のプロジェクトチームをつくり、一茶くんの強化が急ピッチで進められることになりました。

初期の一茶くんはひらがなで書き下した小林一茶の俳句二万句程度を教師データに使っていましたが、いつまでもひらがなを使っていたのでは、いつまともな俳句ができるかわからないことに気づきました。また、教師データ数としても人と対決できるだけの人工知能を実現するには、二万句というのは随分と心細い数に感じられました。そこで、教師データを強化するために外部のボランティアに頼ることにしました。世紀の一戦を盛り上げようと、番組を通して愛媛大学の俳句研究会や松山市役所の方々にもご協力いただけることになり、正岡子規、高浜虚子のトータル五万句の俳句をデータ化してもらいました。

教師データの強化、アルゴリズムの試行錯誤、改良を経て、オファーからわずか一ヶ月後には次のような俳句を生成することができるようになりました。

ひとり身や山は蛍となりにけり
はつ雪や貧乏村を一文字
門口の地蔵菩薩や春の雨
陽炎やけふ一日の御明寺
猫の子の中に通る野菊哉
きらきらと吾も行くなり雪の茶屋

初雪や下駄屋の前にきのうけふ
家ありて星なる猿や夜の雪
夕立の声にうつるや菊の花
冬枯の野にも見ゆくや山の雪
はつ雪も横でうけとる女哉

「山は蛍となり」や「星なる猿」のような、一見するとよく意味がわからないところもありますが、「かおじまい　つきとにげるね　ばななな」から考えると格段の進歩を遂げています。ただ、ここでご紹介した俳句は、大量に生成されたものの中から人が見てそれなりに上出来であると感じられるものを選んだものです。一方で、次のようなあまり意味のわからない、出来の良くない句ももちろん生成されます。比較すると、このときの一茶くんで生成される俳句の幅、レベル感がおわかりいただけると思います。

足もとに鶏のお堀り蝶の昼
くるぶしは白魚鍋の湯気芋を掘る
やぶ入や水も高きに千枚田

痰も稍稍篝火燃ゆる切子かな
はらはらの小簑を干す扇哉
田植笠山越えて来し家を出て
大川の橋々椿溶かばるな
小娘と指す月下椿とぶ夜明け
寒の内薄らめく簀に籠り呼ぶ
葛束の裾濃すべてや山女釣

先に説明したように、一茶くんはLSTMと呼ばれるディープラーニングの手法を使って俳句を生成します。このLSTMは、教師データとなる俳句を先頭から一文字ずつ受け取り、文字の並びを学習していくことができます。俳句を生成する際には、確率的に最初の一文字を決め、次に続く一文字を選ぶということを繰り返して十七音に達したところで打ち切ることでできあがります。

お気づきの方もいると思いますが、この手法は無から確率的に俳句を生み出すという感じで動作するので、決められたお題や写真をもとに俳句を生成させるといったことはできません。番組の対決は写真で一句なので、このままではお題に適した俳句を決めることができないため、さらなる一工夫が必要になります。

そこで、お題の写真から俳句を選ぶという追加の機能を開発することとしました。私たちが思いついたのは、人間が詠んだ俳句と状況がマッチする写真とのペアをたくさん集め、そのペアを教師データにすることでした。画像認識と俳句を生成するディィープラーニングを組み合わせ、マッチするペア、マッチしないペアを学習させることで写真と俳句の相性が数値化できます。それを使い、お題の写真と相性の良い生成俳句を選ぶことで勝負句を決めるという方針です。

しかし、これを実現するためには相性の良い写真と俳句のペアが大量に必要になります。ディープラーニングの鍵は大量の教師データをどう集めるかです。そこでこちらも、番組を通じて協力を呼び掛ける映像を全国に放送し、視聴者ボランティアの協力を募ることにしました。とはいうものの、ある写真に対して数多くの候補の中からその俳句を選ぶ作業は大変なことに変わらないので、さらに次のような工夫をしました。

まず先に対象となる俳句を決め、俳句から名詞をキーワードとして抽出します。そして、そのキーワードを含んだ写真を検索して候補とするのです。ボランティアの方にはその中から俳句に合いそうな写真を選んでもらうことで、負担が少ない作業でデータを作成することができます。このようにして集められた写真と俳句のペアをディープラーニングで学習し、なんとか番組撮影の一ヶ月前ぐらいには、勝負で使う写真に相性のよい生成俳句を選び出すことができる人工知能の開発に目処をつけました。

こうしていよいよ勝負の数週間前になり、事前にお題となる写真が私たちの手元に届きました。

お題の写真は「紅葉」「花火」「蛙」の三点でした。これまでに開発した二つの機能を用いて、この三点の写真に合わせて勝負俳句を決めていかなければなりません。しかし、この時点で一茶くんには大きく欠けているものがありました。それは、最終的に勝負に勝てるような素晴らしい一句を選句するという機能です。

ただ、このときに選句の機能が実現できなかったのは決して時間が足りなかったからではありません。そもそも俳句を生成することに比べて、俳句の評価を行うこと、素晴らしい俳句を選句するということが人工知能にとってとても難しいことなのです。一茶くんはコンピュータープログラムなので、一日におよそ百万句を生成することができます。これだけ大量に生成すると、稀だとしても中には素晴らしい俳句も含まれることがあります。コンピューターならではの力技ですが、そのようにして素晴らしい俳句を生成することはできます。

一方で、その中から良い俳句を選ぶためには、人のように俳句を理解できなければなりません。写真と相性の良い俳句を選ぶということで、お題にあった写真を選別するところまではなんとかできましたが、最終的に一句に絞るほど高精度に俳句を評価することはできませんでした。

そこで、最後の勝負句を選ぶために人の手を借りることにしました。そもそも、最終段階で人の手を借りるということは始めから想定していたことです。俳句を生成するということは三ヶ月でなんとかなると思っていましたが、良い俳句を選句するという課題を解決するためには何年もかかって研究する必要がある。それくらい難易度が高いということは、初めからわかっていたことです。

このとき協力を仰いだのは、番組を通じて知り合った俳句甲子園に参加経験のある大学生です。彼らにプロジェクトメンバーに加わってもらい、俳句を批評してもらったり、選句に協力してもらったりしました。最終的にそれぞれの写真に合わせて勝負句の候補となる俳句を数万句用意し、プロジェクトメンバー全員による人海戦術で絞り込みを行いました。そのときに最終候補に挙がった俳句は次の通りです。

花火
風吹てちんぷんかんの花火哉
真直に花火の夜のなまりかな
花火師や夜の刻刻の勢を見て

紅葉
うつくしき人目もなしに山紅葉
湖にうつる紅葉や窓の前
湖に頬をかけたる紅葉哉
琴をする田中の庭の紅葉哉

ある人の頭にはげる紅葉かな
旅人の国も知らざる紅葉哉

蛙

ともかくもあなた任せで鳴蛙
羽衣に手足つき出す蛙哉
蛙鳴く水田の底の宮を見る
京を出てうしろ姿の蛙かな
世の中を笑ふてくれる蛙哉
又一つ風を尋ねてなく蛙
淋しさを風にとろろと鳴蛙

三ヶ月の突貫工事で取り組んできた人工知能による俳句プロジェクトの結果ですが、この時点ではなんとか人類最強チームと勝負ができる、それなりの俳句ができたのではないかと手ごたえを感じていました。この中から議論を重ね、最終的に「花火師や夜の刻刻の勢を見て」「旅人の国も知らざる紅葉哉」「又一つ風を尋ねてなく蛙」という三句を勝負の場に持って番組収録に臨むことにしました。

さて、気になる勝負の様子、そしてその結果ですが、そちらは後の章で詳しく述べたいと思います。

人工知能における俳句の意義

俳句の世界は俳句を詠むことだけがすべてではなく、他人の俳句を鑑賞し、批評し、またその良さを他人に説明することもとても大事です。その大切な取り組みの一つが句会であり、参加者が互いに他人の作品を選ぶ互選形式の句会が広く行われています。句会では、兼題と呼ばれるあらかじめ決められたお題に沿ってそれぞれ参加者が事前に俳句を詠み、決められた日時場所にその俳句をもって集まります。また、事前にじっくりと考えられる兼題とは違い、句会当日まで伏せられていて、句会の席上ではじめて発表される席題というお題もあります。席題では限られた時間内に即興で俳句を詠むことが求められるため、兼題とは異なった詠み手の力量が問われます。

多くの俳人は句会を通して俳句を披露し、他人の俳句を評価し、説明することを通して技術を磨いていきます。他人が詠んだ俳句を鑑賞し、どこが良かった点なのか、またどこが悪かった点なのかをそれぞれが考え、互いに評価説明をすることによって俳人同士の価値観を発展させていきます。

図1.3　最終的に目指す人工知能のイメージ図。人工知能を使ってただ単に俳句の文字列が生成できるだけ（左図）でなく、自らのつくりだした俳句で他者の心を動かせるということを理解し、他者の詠んだ俳句から読み手の価値観を理解できることを目指す（右図）。

そこで培われた価値観がまた次の俳句づくりの土台となっていくのです。私たちが普段意識せずに何気なく使っている日本語ですが、俳人は句会を通して一つひとつの単語が意味することの範囲、切れ字や助詞の効果を確認し、十七音の世界観を丹念に確かめていきます。俳句を通じた人と人との相互作用こそが俳句の真髄であると言えます。

では、人工知能の研究にとって俳句を扱う意義はどこにあるのでしょうか。私たちは、単に俳句を生成する人工知能をつくることを目的としているのではなく、最終的には人に交じって人と対等に句会に参加できる人工知能を開発することがゴールと考えています。人と対等に句会に参加するには表面的にうまく振る舞っているように見える「弱い人工知能」ではだめで、本質的に人と対等の知能、つまり「強い人工知能」が必要になると考えています。

人と対等に句会に参加できる人工知能は、俳句という土台の上で人との相互作用にきちんと耐えられるものでなければなりません。もしそれが実現できるのなら、俳句に限らず本質的な知能をもって互いに働きかけ、影響を及ぼすことができるということになります。そのような人工知能が開発できれば、人工知能が生活のさまざまな場面で人と一緒に考え、人を助け、ともに調和しあえる社会をつくることができるかもしれないのです。

少し細かく見ていくと、人工知能を用いて人と対等な俳句を生成するということは、現実世界の情報や人の情動を言葉に変換するということだけはなく、その逆である、言葉から現実世界の情報や人の情動を想像することも必要となります。「強い人工知能」を実現するにあたっては、実際に俳句を通して人の心を動かすことに加え、人工知能自身が俳句によって人の心を動かせることを理解する必要もあります。

さらに、人が詠んだ俳句を解釈することによって、人が現実世界のどのような物事に注目しているのか、そこでどのようなことを感じ取っているのか。また、それをどのような言葉で表現するのかが見えてくるなど、ブラックボックスである人の知能や心を理解するきっかけとなります。つまり、人と相互に俳句を批評することが、人の価値観、人生観にアクセスすることができる一つの方法論になると考えています。

俳句の良し悪しや評価はあくまで主観的なもので、だれにでも通用する普遍的な評価はありえません。同じ俳句でも人生経験が少ない若いときにはなんとも思わなかったものが、長い人生、苦楽を経て老年期には味わい深いものに思えることもあります。そのような立場の違いを踏まえて俳句の良し悪しを人に説明できるということは、相手の立場、状況、理解力、知識を踏まえて相手が理解できる働きかけを適切に行えるということになります。人の人生とは何か、その人生の中で俳句はどう解釈できるのかという視点を踏まえる必要があります。

このように、他人の俳句に対する解釈を理解することで、俳句そのものが持つ情報と外部世界との情報の接点を理解し、解釈の幅を広げることができるようになっていきます。従来の人工知能の研究では、事前に定義された記号で表された抽象的な世界での論理的な推論や、数学的に定義された目的関数の最小化を通して世界を学習するような方法が主流でした。人との相互作用を前提として知能の本質に迫るものはあまりなされてこなかったように思います。私たちは俳句という切り口を通して、相互作用を通した知能の本質に迫る研究ができるのではないかと考えています。

また、人工知能による俳句研究を通して、人はどのように俳句を詠み、選句し、鑑賞しているのか、そのメカニズムも明らかにすることができるかもしれません。それは、人の俳句に対する理解を広げ、新たな楽しみを発見する助けになるかもしれません。私たちは、人工知能と俳句界双方の発展に役立つような成果を出したいと思いながら研究に取り組んでいます。

第2章 人工知能の歴史と未来

はつ雪や下駄屋の前にきのふけふ
二〇一七年秋　AI一茶くん

人工知能研究の始まりとその歴史

一九五六年夏、ダートマス大学のジョン・マッカーシー、ハーバード大学のマービン・ミンスキー、ＩＢＭのナサニエル・ロチェスター、ベル電話研究所のクロード・シャノンなど著名な研究者がアメリカ合衆国ニューハンプシャー州のダートマスに集まり、重要な会議が行われました。この会議は「人工知能に関するダートマス夏期研究プロジェクト」（ダートマス会議）と呼ばれ、この中で当時二十九歳であったマッカーシーが〝Artificial Intelligence〟（人工知能）という言葉を初めて提案しました（McCarthy et al., 2006）。この会議の期間中には、入れ代わり立ち代わりダートマスに多くの研究者が集まり、人工知能の原理や応用について熱心に議論が行われました。

例えば、学習に代表されるような知能が持つあらゆる機能は機械の上に記述可能かどうか。それまでは人間しか解くことのできなかった問題をどのように機械に解かせるのか。また機械が自分自身を自動的に改善していくためにはどうしたら良いのか。このようなことについて、深く議論が行われました。その他にも、記号論理学の定理を証明するプログラムや、ニューラルネットワーク、機械の創造性といった、現在の人工知能にとって重要な概念についても数多く議論されました。この会議から、アメリカを中心として人工知能の研究が本格的に立ち上がっていきました。

人工知能という言葉が生まれた後の一九五〇～六〇年代、次々と新しい理論や技術が生まれ、多くの研究者は完全な知能を持った機械が二十年以内に実現するだろうと楽観的に予測していました(Simon & Newell, 1958)。初期の人工知能研究では、ゲームやパズル、迷路など単純で限定された世界の中で定義されたタスクが主な対象でした。限られたタスクの状態を記号で表し、その中で目的を達成するための探索や推論のアルゴリズムが主に研究されました。つまり、人間の思考過程の本質を探索や推論であると考え、記号を使って表現してみようとする試みです。

実際に、それまではコンピューターには不可能と考えられていた、チェスをプレイするコンピューターや幾何学の定理の証明などが探索と推論で実現され、さまざまな問題がコンピューターで解けるのではないかとの期待を生みました。この頃の人工知能に対する期待の時代は第一次人工知能ブームと呼ばれます。ブームの中、アメリカの高等研究計画局(Advanced Research Projects Agency)などの政府機関は、この新しい領域にどんどん資金を注ぎ込みました。しかし、そんな人工知能の最初のブームは長続きしませんでした。

第一次人工知能ブームで研究対象とされた、簡単な記号やルールで記述できる単純な世界の問題をトイ・プロブレムと呼びます。子供のおもちゃの問題ということです。私たちが普段直面している日々の問題や意思決定はトイ・プロブレムで起こっているわけではなく、そもそも曖昧で記述自体が難しい複雑な世界で起こっていて、同じような解決方法は通用しません。初期の大きな期待とは裏腹に、より現実的な問題を解くためには当時のコンピューターの性能が不十分であったことや、知識処理の手続き、アルゴリズムに研究が偏っていたことなどから、思うような結果が出なかった

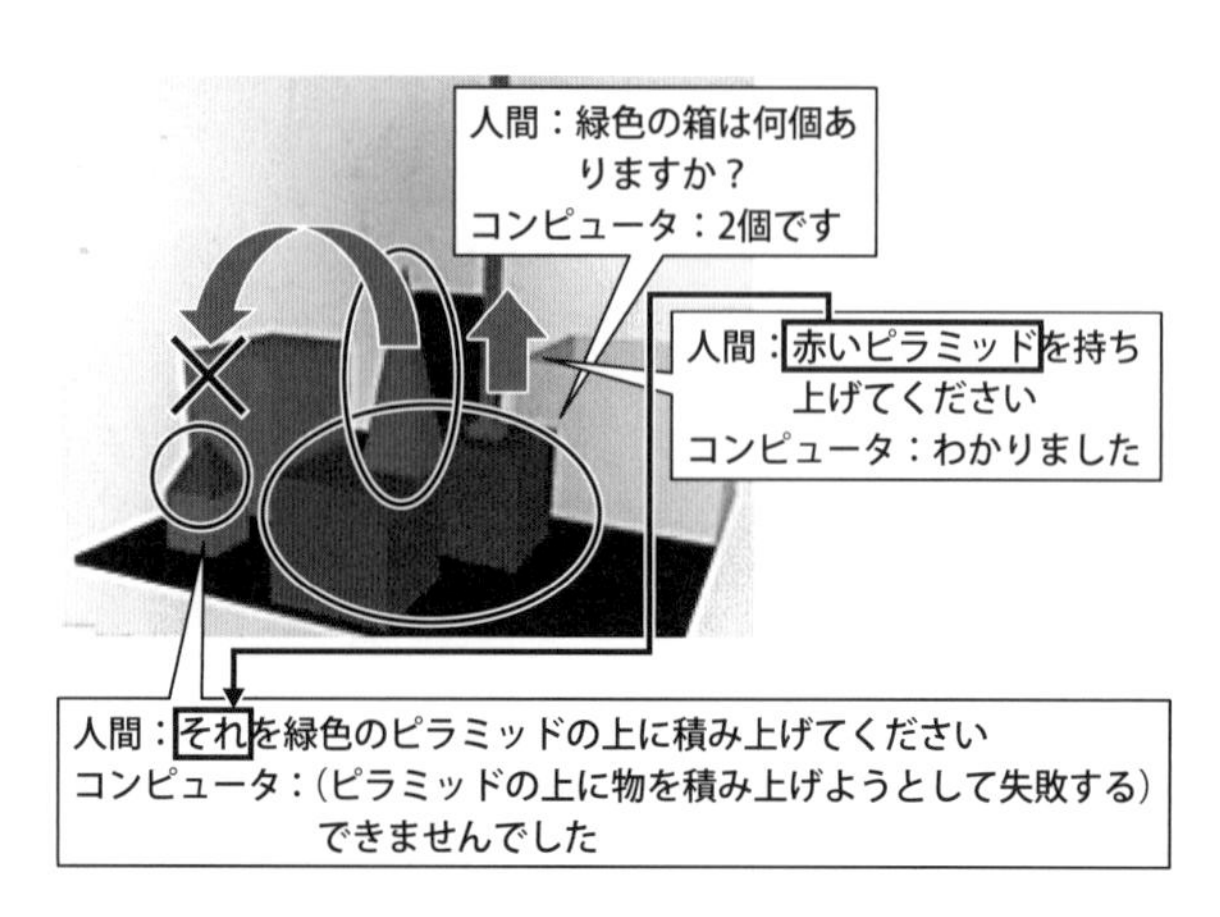

図2.1 初期の人工知能研究で行われたSHRDLUプロジェクト（Winograd, 1972）の成果。積み木だけでつくられた世界をコンピューター上で再現し、コンピューターに英語の文章で対話的に指示を出して、積み木の個数を数えたり移動したりさせることができる。代名詞を使った指示を理解したり、物理法則に照らし合わせて積み木の移動ができるかどうかを判定したりできるが、この図にみられるような単純な形状の物体しか扱うことはできない。（https://hci.stanford.edu/winograd/shrdlu/より画像を引用）

のです。研究資金も次々に打ち切られ、大きな期待で始まった第一次人工知能ブームは終わりを迎えました（人工知能の歴史 ― Wikipedia, 2021）。

少し年月が経過した一九八〇年代、エキスパートシステムと呼ばれる新しい手法の出現によって再び人工知能に注目が集まり、第二次人工知能ブームが訪れました。エキスパートシステムとは、特定領域についての専門家の知識をコンピューターにあらかじめ入力しておき、それをもとにコンピューターが人間からの質問に回答するようなシステムです。専門家の知識から抽出した論理的ルールを使用し、特定領域の知識について質問に答えたり問題を解いたりするプログラムで、知識ベース（事実と規則の表現を含む）と推論エンジン（規則を適用し性能評価する）が用いられまし

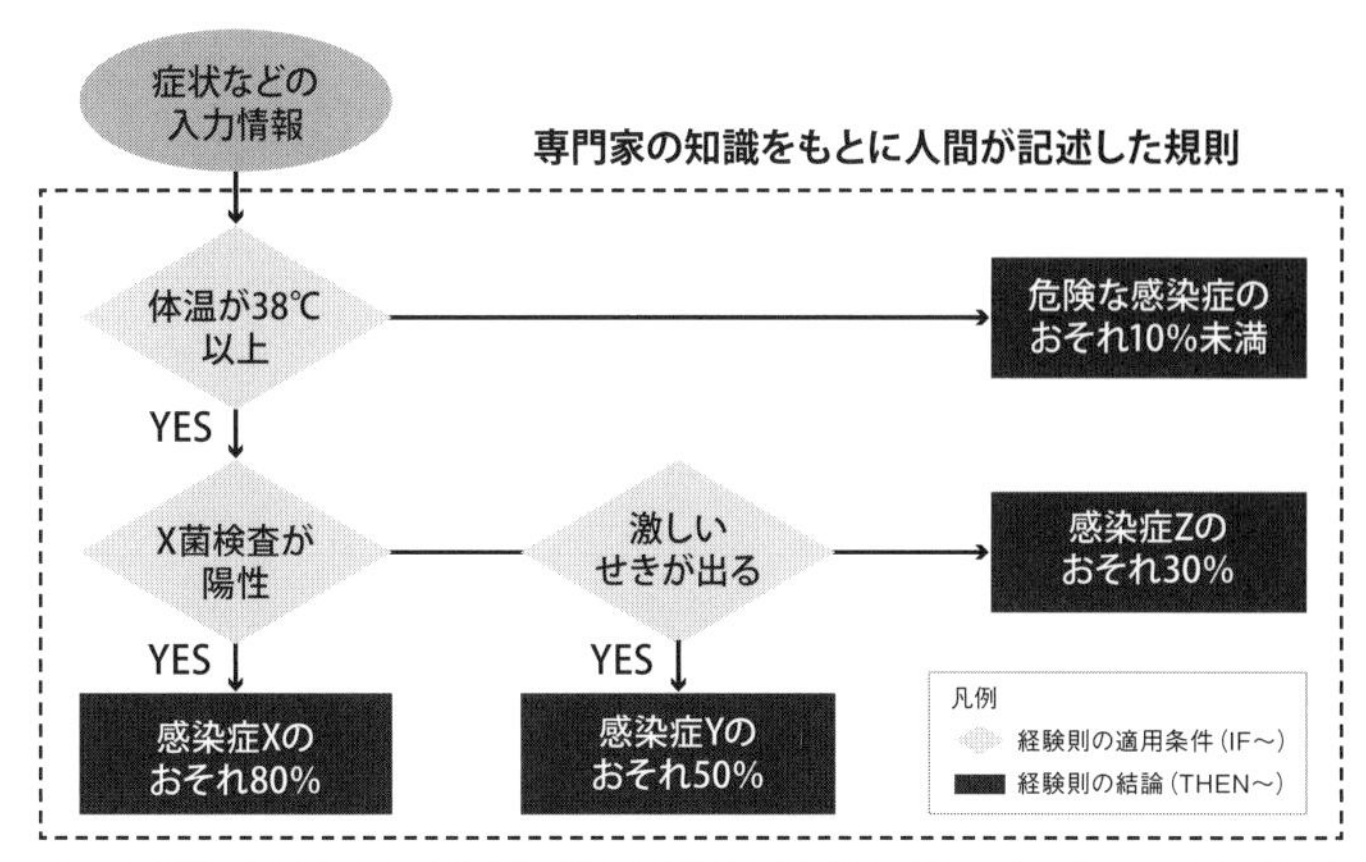

Mycinを参考に、知識ベースを利用した推論結果を簡略化して作成した実際のエキスパートシステムでは、競合する経験則の扱いなど、上記より複雑な処理を経て結果を出力する

図2.2　エキスパートシステムによる感染症診断の動作イメージ。人工知能は利用者にYES/NOで答えられる質問を投げかけ、その回答を踏まえて別の質問を投げかけることを繰り返し、最後に疑わしい感染症の名前と提案される治療法が提示される。質問の順序や回答に応じた診断の方法は、感染症診断の専門家が持つ知識をもとに事前に人工知能に入力される。
（https://xtech.nikkei.com/atcl/learning/lecture/19/00001/00002/より引用）

た。規則は「もし、ある年齢層の患者が特有の症状を示せば、患者は一定の確率で特定の状態にある」といった、〝if-then（もし〜ならば）〟の形式で表されます。問題解決の対象を特定領域に絞ることで、常識のような知識を与えることの困難さの回避を試みます。コンピューター上では、LISPやPrologといったプログラムをつくる言語でプログラミングされていました。

エキスパートシステムはさまざまな応用分野で研究されました。医療、保険リスク、鉱物探査評価といった、特殊な専門技術が必要となる領域での診断、予測、計画、分類などが主な対象でした。初期の有名なエキスパートシステムの例として、スタンフォード大学のプロジェクト、Dendral（Lederberg, 1987）があります。Dendralは、化学者が質量スペクトルの情報に基づいて未知の有機分子を同定するのに役立ちました。

もう一つの有名な例はMYCIN（van Melle, 1978）です。これもスタンフォード大学で開発されたコンピューターシステムで、単純な推論エンジンと約三百の規則を持つ知識ベースを採用し、細菌感染症の診断を補佐して抗生物質と投薬量の提案を行うことができました。

しかし、専門家の知識を人工知能が理解できるような形で入力する過程で、人の手に多く頼っていたことから、利用できる範囲や維持のコストに問題があり、あまり実用的なものにはなりませんでした。また、人間であれば前提条件や状況から自然に見出せるような、いわゆる一般常識をどう表現し扱うのかといった問題に対しても適切な解決方法を見出せませんでした。そのため、エキスパートシステムに対する期待も急速にしぼみ、やがて第二次人工知能ブームも終焉を迎えます。

そのころの日本では、当時の通商産業省（現・経済産業省）が中心となって、第五世代コンピューターと呼ばれる人工知能に関する巨大プロジェクトが実施されていました（松尾豊 et al., 2014）。プロジェクトでは、総額で五百四十億円もの国家予算が投入されました。欧米への追従ではない日本型の人工知能コンピューターの開発を目指して、非ノイマン型のハードウェア、知識情報処理と仕様定義されたソフトウェア、並行論理パラダイムのプログラミング言語などの研究がなされました。しかし、その野心的な目標と予算規模とは裏腹に、第五世代コンピューターで研究開発された数々の技術もあまり実用的なものとはならず、結果的には人工知能の分野において期待された成果を生んだとは言えませんでした。

ブームの終焉後、人工知能研究は下火になり研究者の間でひっそりと続けられました。一方、コンピューターの性能はムーアの法則に従って急激な向上を果たしていきます。加えて、一九九〇年代にはインターネットが普及し始め、データの流通量が爆発的に増大していきます。二〇〇七年のiPhone登場をきっかけとしたスマートフォンの普及によりその増加に拍車がかかりました。これらを背景にビッグデータという言葉が生まれ、ビッグデータを用いた機械学習の技術革新が進んでいきます。機械学習とは大量のデータを教師と位置付け、これをもとにデータの特徴を学ぶことによって、人間が下すような判断をコンピューターに計算させる技術のことです。

そうした中、トロント大学のジェフリー・ヒントンを中心とした研究チームにより、オートエンコーダーと呼ばれるアルゴリズムを利用したディープラーニング（深層学習）(Hinton & Salakhutdinov, 2006) が発明されました。ディープラーニングは人間の脳の神経細胞の働きをコンピューターで模倣したニューラルネットワークと呼ばれる技術にさまざまな改良を加えたものです。

ディープラーニング登場前の機械学習では、データの中のどのような特徴を見ればよいのか、人間があらかじめ試行錯誤をして決めることが一般的でした。例えば、画像から物体を認識しようとするときには、画像の明るさが変化する部分に注目することで、物体の輪郭をつかむことができます。この場合は、画像の明るさの変化量がデータの特徴の量、つまり特徴量となります。

このような特徴量の設計は大変手間がかかるうえ、必ずしも適切に設計できるとは限らないので、機械学習の応用は限定されたものとなっていました。しかし、ディープラーニングを用いることで、人手を介さず自動的にデータから特徴量を抽出できるようになりました。このことから、人間による職人芸的な特徴量の設計の必要がなくなり、人工知能開発における大きなブレイクスルーとなったのです。

二〇一二年、物体の認識率を競うコンテストであるＩＬＳＶＲＣ（ImageNet Large Scale Visual Recognition Challenge）（Russakovsky et al., 2015）において、ディープラーニングが一躍有名になりました。ヒントンのチームはビデオゲームの画面描画などに用いられているＧＰＵを利用して大規模なディープラーニングを行うことで、画像認識の精度が大幅に向上することを示す実験結果を発表したのです。

同年に米Googleは、ディープラーニングによるオートエンコーダーと呼ばれる手法でYouTubeの動画を大量に学習することで、猫の顔を認識することができたと発表しました（Le et al., 2012）。それぞれのYouTube動画にどんな物が写っているか、学習のときには明示的に教えていないにもかかわらず、猫の写真がたくさんアップロードされていることを手掛かりに自動的に猫を捉える特徴量を学習できたことが衝撃を与え、世界各国において再び人工知能研究に注目が集まり始めました。二〇一六年には米Googleの子会社DeepMindが開発したアルファ碁（Silver et al., 2016）が、まだまだ先だと思われた人間のプロ囲碁棋士に勝利するという出来事もありました。こうして第三次人工知能ブームの幕が開けたのです。

そして今まさに、第三次人工知能ブームの真っ只中に私たちはいます。画像認識から始まったディープラーニングは、日本語や英語など人間同士のやり取りに使われる言葉をコンピューターで扱う自然言語処理、数値予測、ロボット制御などさまざまな分野で驚くべき成果を達成し始めています。過去二回のブームと決定的に違うのは、研究の発展もさることながら産業応用の対象が大幅に広がっていることです。過去二回のブームでは学術研究としてはいろいろと重要な試みがなされたものの、限定的な分野の他にはあまり応用が広がりませんでした。しかし、今のディープラーニングはすでに多くの応用がされつつあり、だんだんと社会になくてはならないものになってきています。

今まさに本書を執筆しているホテルのラウンジでも、目の前で自動制御された掃除機が床を清掃しています。このように、人工知能はすでに私たちの生活に自然と入り込んできています。スマートフォンにも数多くのディープラーニングの成果が搭載されています。製造工場や物流の現場でもさまざまな形で人工知能の技術が使われ、人々の生活を支えています。最近の話題では、二〇二〇年一〇月に米Googleの子会社であるWaymoが完全ドライバーレスの自動運転サービスを開始する (Krafcik, 2020) など、研究面だけでなく応用面でも急速に事例が増えてきています。

今から十五年ほど前、レイ・カーツワイルがその著作において「二〇四五年には人工知能が知識・知能の点で人間を遥かに超越し、科学技術の進歩を主体的に担い世界を変革する技術的特異点（シンギュラリティ）が訪れている」とする説を発表して物議を醸しました (Kurzweil, 2005)。「強い人工知能」が発明されたら、それが人類最後の発明となるという主張もあります。なぜなら、それ以降は人工知能がさらなる高度な人工知能を発明し、科学の進歩は人類の手を離れていくからです。果たしてそういった世界が訪れるかは私たち人工知能の研究者にもわかりませんが、今後の人工知能の発展を注視していく必要はありそうです。

人工知能とは

コンピューターの発展期に「人工知能に関する夏期研究プロジェクト」（ダートマス会議）によって人工知能という研究分野が生まれ、今日では「人工知能」という言葉は当たり前に使われるようになりました。ここで一度、「人工知能とは何なのか」について考察してみたいと思います。残念ながら、この問いは私たち人工知能の研究者にとっても歯切れよく答えられません。

「人工」という言葉の定義自体は簡単で、自然・天然の対義語、人が何らかの方法でつくることを意味しています。よって、人工知能とは人が何らかの方法でつくった知能ということになります。問題は「知能」の意味です。「知能」とは何でしょうか。手始めに「知能」という言葉を大辞林第三版（三省堂）（松村，2006）で引いてみると、次のように書かれています。

一　知識と才能。物事を的確に理解し判断する頭のはたらき。

二　学習し、抽象的な思考をし、環境に適応する知的機能のもとになっている能力。

この説明だけで「知能」を明確に定義づけられるのでしょうか。

人工知能を実現しようという前提で考えてみたとき、まず一つ目の「物事を的確に理解し判断する」ということを知能の定義とおいたとすると、人工知能が実現できたかどうかは、ある物事に対して的確に判断することができたかどうかで判定することになりそうです。では、人工知能が下した判断を「的確であった」、「的確ではなかった」と、どう判断したら良いのでしょう。

例えば、道にリンゴが落ちていたとします。普通、道にリンゴが落ちていたらそのままにしておくか、せいぜい拾って掃除をするぐらいが現代人の常識的な対応です。もし小さな子供が道に落ちていたリンゴを拾って食べようとしたら、母親は慌てて止めるでしょう。しかし現代ではなく、大昔の森の中、しばらく食事にありつけていない飢えた状況だったら話は変わってくるのではないでしょうか。手にとって安全を確認し、食べるということが生きながらえる上で的確な判断のような気がします。何が言いたいかというと、「リンゴを食べる」という行為のみを切り出して、的確かそうではないかということが決められない以上、的確かどうかは状況と判断のセットで考える必要があるということです。

では、人工知能が完成したかの判定において必要となる、的確な判断かどうかの事例は誰が用意するのでしょうか。「知能を持った人が用意する」という回答が思い浮かぶかもしれませんが、そうすると一つ目の定義はトートロジー（同義語反復）となってしまいます。「知能を持った人が行った判断を真似ることができるのが知能」ということでは、知能の定義としてはあまり意味をなしていません。ましてやそれをもとに、人工的に知能をつくろうということになると、ただひたすら人の判断と同じ判断をすることが求められるだけで、「人にとっても未知で答えがわからない状況で、的確に判断できる人工知能を実現する」という言い方などは成り立たなくなってしまいます。

では二つ目に従って、環境に適応するということを中心に定義を考えるとどうなるでしょうか。環境に適応するということは、端的に言うと生物にとっては生きながらえ子孫を残していけるということになります。先ほどのリンゴの例で言えば、現代の日本では安全な食べ物が容易に手に入る環境なので、落ちているリンゴを食べることは生きていくために賢明な判断とは思えません。万が一、毒などが入っていたらそれこそ大変です。一方、大昔の森の中では毒などが入っているということはあまり心配する必要がなく、腐ってさえいなければ食べることは生きていくためには正しい行動と言えるでしょう。実際、人類はそのように栄養を補給し、子孫を残してきたはずです。そう考えると、一つ目のものに比べてより一般的で自然に知能を定義しているような気がします。

ですが、こちらもまた別の角度からの疑問が浮かんできます。環境に適応しながら生きているのは人だけではありません。哺乳類などの高等動物だけでなく、昆虫や微生物、当然、植物も環境に適応しながら生きています。人やチンパンジーなどが賢い動物として知能を持っていることに異論は少ないと思いますが、犬や猫、昆虫、微生物、植物についてはどうでしょうか。果たして、これらの生物はすべて知能を持っていると言ってよいのでしょうか。あるいは、同じ環境に適応している生物を何らかの方法で並べて、どこかに知能を持っている、持っていないの境目を引くことができるのでしょうか。

これは、知能をどのレベルで捉えるかによって議論が分かれてくる問題です。人が行うような高度な情報処理のレベルで知能を論じる場合もありますし、アリやハチなどが群となって行動する際の超個体的な行動のレベルで知能を論じる場合もあります（大内 et al., 2003）。近年では、粘菌が迷路を解くことができるといった報告もなされています（Nakagaki et al., 2000）。その中で、そもそも統一的な知能の定義やその有無の判定、レベル分けはとても難しいのです。

前置きが長くなりましたが、このように何を持って知能の定義とするのかについてはさまざまな議論があります。人工知能を研究する日本の学術コミュニティに「人工知能学会」があります。この学会の中でも、人工知能を研究する研究者によって知能の定義について数多くの議論がなされてきましたが、定義は実にさまざまです（松尾豊 et al., 2016）。学会の名称にもなっている人工知能の定義が明確に定まっておらず、未だに論争を続けているというのは他の学会ではありえないことだと思います。それほど「知能」というものは高度なレベルで抽象的なものであり、研究者でさえ未だに上手にその抽象化をなし得ていないのです。

これらの背景を踏まえて考えると、人工知能という学問分野は、次の二つを同時に目指している分野であると言うことができると思います（中島, 2013）。

「知能そのものが何であるのかを抽象化して定義し、その仕組みを解明すること」
「さも知能を持っているように振る舞う機械を実現するための方法論を構築すること」

前者に興味があるのは、脳科学、認知科学、哲学といったバックグラウンドで人工知能を研究する研究者に多く、後者に興味があるのは情報工学、コンピューターサイエンスなどをバックグラウンドに持つ研究者に多いように思います。

知能そのものの仕組みを解明するためには、人間などの知能を持っているとされる対象を徹底的に調べ上げ、知能を構成する機能やその相互作用などを丹念に解明していくことが必要となります。そのため、脳の中で何が起こっているのかといった生化学的な仕組みの解明や、人が世界をどう認識しているのか、心の動きはどうなっているのかといった認知科学的な観察などが重要になってきます。

一方で知能を持っているように振る舞う機械を実現しようとする場合、人間などが持つ知能の本質をおさえることはもちろん重要ですが、それをそのまま真似る必要はなく、あくまで、現在実現可能な技術の上にそのように見えるものを実現していく、ということが重要になってきます。例えば空を飛ぶ機械をつくるとき、鳥の骨格と筋肉と飛び方を忠実に再現する必要はなく、固定翼とエンジンで飛行機をつくるようなことです。

この二つの立場のどちらが良いかという話ではなく、これは人工知能に対する研究の興味やスタンスの違いと言えます。当然、知能を持っているように振る舞う機械をつくってみることを通して、今まで明らかになっていなかった知能の仕組みがわかったり、逆にいろいろな観察を通して知能をつくるための新しい技術が生まれたりすることは往々にしてあります。人工知能の研究を進めていくためには、二つの立場が相互に連携しあって成果を出していくことが重要です。私たちはどちらかというと後者の立場で人工知能と俳句に関する研究を進めていますが、一茶くんの研究を通して知能とは何だろうということを常に自問自答しているのです。

強い人工知能、弱い人工知能

人工知能の研究が進むにつれて、これまで人にしか解決できないと思われていたタスクをコンピューターが解決できるようになった例が増えてきました。その中で、人工知能が近年急速に実力をつけてきた応用の一つが画像認識です。前述したＩＬＳＶＲＣ（Russakovsky et al., 2015）では写真からそこに写る物の名前を選んで答えた際の精度を競います。「ダルメシアン犬」「マルチーズ犬」や「方位磁針」など千種類の候補から選んで答えることが求められますので、人にとっても簡単な問題ではありません。

最新の画像認識アルゴリズムは、この問題を解くために専門の訓練を受けた人と遜色ない精度を示し、細かい犬種などを間違えないという点では人の認識精度を上回ります（Shankar et al., 2020)。しかし、画像認識で人の認識精度を上回る成果をあげたといっても、人のように世界を認識できるようになったというわけではありません。画像認識という限定されたタスクにおいて正解する精度が上がっただけです。

先ほどのコンテストでは、答えの候補はあらかじめ決められた千種類に限定されていて、それ以外のものの名前を答えることは求められませんし、ましてや名前がないものに自分で名前をつけるといったことも、もちろん求められません。けれども、この画像認識は実社会の課題において多くの場面で役に立ちます。例えば、工場での製品検査（Ren et al., 2018)、カメラを利用した人の認識（Pang et al., 2019)、自動車の自動運転（Huval et al., 2015)、ＣＴスキャン画像からの病気の診断（Chilamkurthy et al., 2018)、トンネルや橋などのひび割れ検査（Zhang et al., 2016)、古文書のくずし字の解読（Lamb et al., 2020）などは精度の高い画像認識によって自動化が可能になります。

このように、人の知能と同等のものを実現しなくても、タスクの設定を工夫することによって世の中の多くの問題を上手に解決することができるようになります。現在、さまざまな社会や産業の現場で取り組まれている人工知能の応用は、このように限定されたタスクにおいて、人の能力を上回るコンピューターの処理能力を上手に使っているのです。これはこれで人類の発展にとって有意義ですが、人と同等の知能を実現するという夢を持つ人工知能の研究においてはどう理解していくべきでしょうか。

ここで一つの例として、送られてきたメールが大事なメールか、スパムを含む不必要なメールかを見分ける秘書のタスクを考えてみましょう。人間の秘書がこのタスクに取り掛かる場合、自分のボスの仕事の内容、重要度、スケジュール、そしてどのようなことに興味があるのかなどを総合的に考え、ボスにとってこのメールが大事なメールなのか、不必要なメールなのかを判断することになります。

当然ボスに先立ってメールの内容を読んで理解し、過去の同じような状況を参考にして対応を行うだけでなく、ときにはまったく新しい状況にも対応する必要があります。ボスの忙しさや体調を考えて、急ぎではないメールを後回しにすることもあるでしょう。また、たまたま送られてきたダイレクトメールから有用な情報を得ることもあるでしょう。このようなタスクを上手にこなすためには、ボスと同等のメール処理能力、つまりボスと同等の知能が必要とされることが想像できると思います。もし、人工知能によってこのようなタスクを上手にこなすことができたら、その人工知能はメールの仕分け作業というタスクにおいて、ほぼ人と同じような知能をもっているということが言えます。

このように、人と同じように状況を認識し、人と同じような思考過程を経て、すべきことを判断することができる人工知能を「強い人工知能」と呼びます（Searle, 1980）。人工知能の研究分野では、このような「強い人工知能」をどうやって実現するのかに、多くの研究者が取り組んでいます。

では、現在ほとんどのメールソフトに実装されているメールを仕分ける機能、特にスパムメールを仕分ける機能は、メール本文の内容を理解して仕分けているのでしょうか。このようなスパムフィルタは、一般的に送り主や宛先などの情報、メール文中に使われる単語やリンクの情報などを手がかりに仕分けていきます。例えば、「ローン」「出会い」「アカウント停止」などといった言葉が使われていたらスパムメールである確率は高いと思われるので、スパムフォルダに仕分けます。問題はスパムメールである確率をどのように見積もるかですが、それにはベイズ統計と呼ばれる手法を使うのが一般的です（ヴィリアム・パウンドストーン＆飯嶋, 2019）。

ここでは詳細は省きますが、これまでに送られてきたメールをスパムかそうでないか人が判断した結果があるとします。その結果を用いて、例えば「ローン」という単語を含んでいるメールがスパムメールであるかどうかの確率を見積もります。つまり、過去に人が判断した結果をコンピューターの学習に使うことによって、その判断を真似するアルゴリズムをつくることになります。メール本文を読んで内容を理解し、ボスの状況を考えて仕分けるというわけではなく、メールに含まれる単語などを手がかりに計算によってスパムを仕分けるのです。数多くの判断結果を用いて確率の見積もりを調整することによって、スパムフィルタの精度は向上していきます。現在、ほとんどのメールソフトにはこのようなスパムフィルタの機能が実装されており、ある程度有効にメールを仕分けてくれるのは皆さんご存じの通りです。

さて、このようにつくられたスパムフィルタですが、メールを仕分けるタスクをこなすという点では人間の秘書と似た知能を実現しているとも言えますが、中身を知ってしまうと、コンピューターが行っているのは確率統計的な計算に基づいている処理だけであり、お世辞にも人と同じような状況認識、思考過程があるとは考えられません。精度の違いはありますが、タスクを遂行しているという意味では一見表面上は人の知能が行うことと同等のことを実現しているように見えるものの、実際に行われていることは人の知能とは異なり、手続き化された計算処理に則って情報を処理しているだけです。このような知能を「弱い人工知能」と呼び、「強い人工知能」と区別しています。

もうおわかりのように、現在広く応用され始めている人工知能の技術はまだ「弱い人工知能」のレベルであり、人のようにものを考え、状況を判断し、意思決定をしているわけではないのです。

子供の知能、大人の知能

先ほどの「強い人工知能」「弱い人工知能」の話では、知能が行う情報処理とは何かという本質から人工知能を区別し、両者の違いや実現可能性について述べました。一方で、人工知能が対象とするタスクの質によって知能の難易度をみていくこともできます。ロボット研究者であるハンス・モラベックが、一九八八年の著書『電脳生物たち』(モラベック & 野崎, 1991)の中で、「知能テストやチェッカーでコンピューターに大人並みの能力を発揮させることは比較的簡単だが、知覚や運動性となると、一歳児の能力を与えることさえ困難か、もしくは不可能である」ということを述べてい

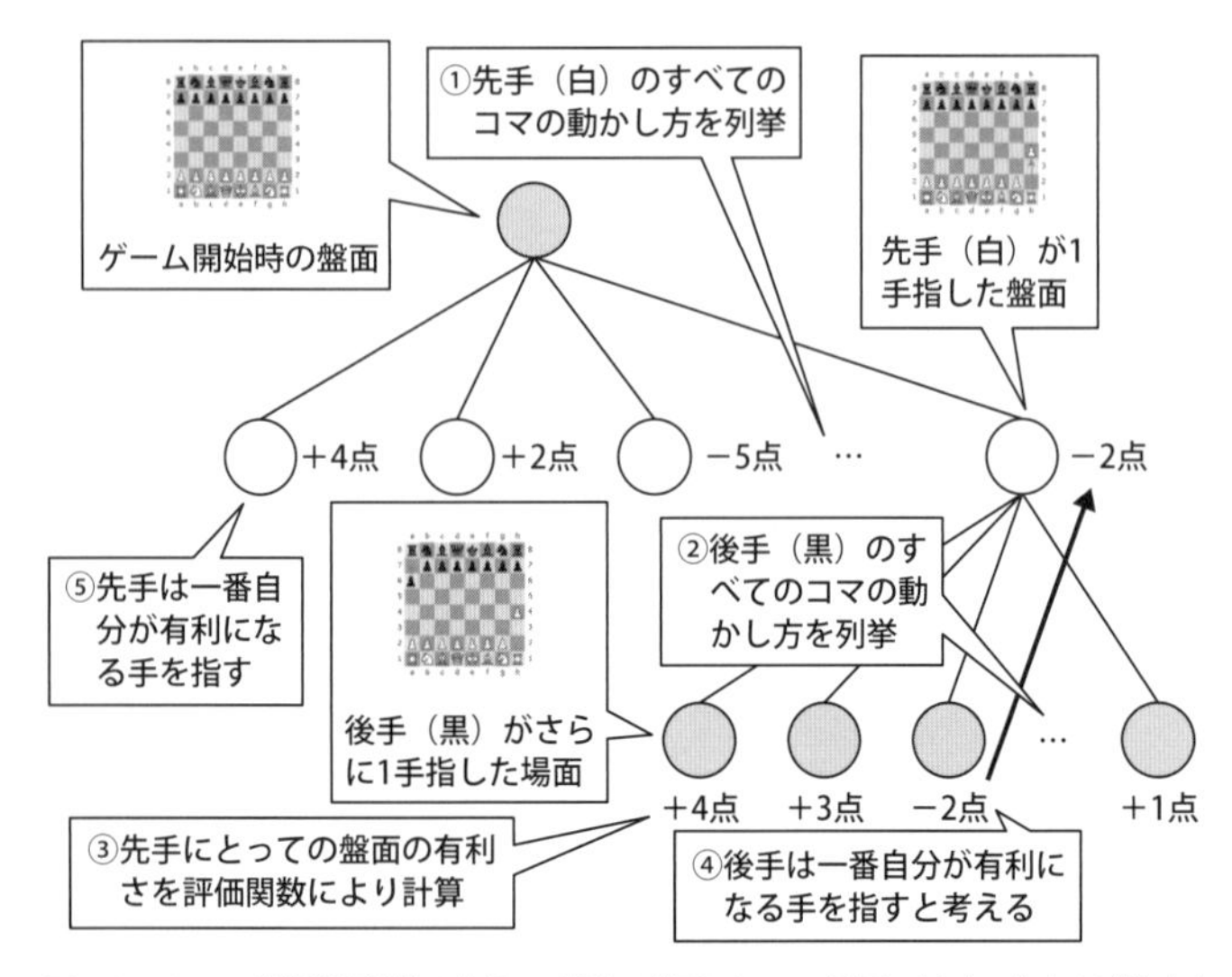

図2.3　チェスの静的評価関数の仕組み。現在の盤面からルール違反にならないすべての指し方を列挙して、その中で最も静的評価関数による評価値が自分に有利となる手を選ぶ。対戦相手は逆に静的評価関数が相手に有利となる手を選ぶと考える。対戦相手の手を先読みし、相手が最善の手で対応したときにも自分が有利になる度合いが大きい手を選ぶ。

ます。これは、どういうことでしょうか。

主に第二次人工知能ブームにおいて、エキスパートの知識をコンピューターが扱える形式で表現し、記号処理や推論、探索などに代表される手続き的な処理によって知能を実現するといった研究が中心に行われてきたのは先に書いた通りです。その代表例の一つがチェッカーやチェスなどのボードゲームをプレイする人工知能です。その仕組みを簡単に見てみましょう。

チェスをプレイする人工知能を実現する場合、まずは静的評価関数と呼ばれる盤面の良し悪しを数値化する関数を設計します。ここでは、先手の白プレイヤーが有利なほど数値が大きくなることにします。チェスでは一般的に多くのコマを持っている方が有利なので、白プレイヤーのコマの数が黒プレイヤーより多いほど得点が大きくなるようにします。さらに、ルークは前後左右に何マスでも進むことができるのに対して、ポーンは基本的に一マス前に進むことしかできないので、ルークを白プレイヤーが持っていると一つにつきプラス五点、ポーンは一つにつきプラス一点というように、コマの種類によっても得点に差をつけます。チェスはキングを取った側が勝者となるので、黒プレイヤーのキングを取った状態は他のコマの有無にかかわらず無限大の得点を設定し、他のどんな条件を差し置いても白プレイヤーが目指すべき状態とします。逆に、白プレイヤーのキングが取られた状態は無条件に負の無限大の得点、つまり、白プレイヤーが絶対に避けなければならない状態とします。

このように設計することで、得点が高い点数の盤面であればあるほど自分が有利であり、逆に得点が低ければ相手が有利であるということになります。一九九七年にチェスの世界チャンピオンを破った、ＩＢＭが開発したチェス専用のスーパーコンピューターであるディープ・ブルーには、「ルークが移動する先に相手のポーンがあり、ルークがそのポーンを取ったとしても次の手で相手がそのルークを取ることはできない」というような細かい条件が八千種類ほど設定されていて、それぞれの条件が満たされるときに加算・減算される得点の数値が人間の手で設定されていました (Campbell et al., 2002)。この静的評価関数を用い、自分と相手が交互に良い手を指す前提で展開を先読みしていき、自分にとって最も望ましい状態に到達するために今どの手を指すべきか、コンピューターが手続きに従って計算することでチェスをプレイしたのです。

一般的に、人間にとってチェスを上手にプレイするということは高い知能が要求されることであり、子供が大人に勝つことは容易ではありません。しかし、数学的な計算と探索という手続き的な過程に基づいてつくられたチェスコンピューターは、チェスをプレイするという点においてはもはや人間の能力を大きく超えるレベルに到達しています。つまり、高レベルの推論が必要とされるような一見人間にとってとても難しそうに見えるタスクについて、人工知能の能力は飛躍的に向上しているのです。

一方、小さな子供でも行うことができるような、人間の感覚運動の技能に関わるタスクはどうでしょうか。例えば、床から糸くずをつまんで捨てたり、簡単な言葉を覚えて一緒に遊んだり、ダンスを踊ったりといった、一見簡単そうに見えるタスクを人間の子供並みに行えるようなロボットは実現できるのでしょうか。子供の手足のように動かせる関節を持った機械の手足や、子供と同じような視野を持つカメラを搭載したロボットをつくることはもちろん大変です。そのカメラなどから得た情報をもとに、どのように関節を動かせばこうしたタスクを達成できるのかを理解することはさらに難しく、それがわからず従来の人工知能は四苦八苦してきました。

人間の大人にとっても難しいことを上手に行えるのに、子供がいとも簡単に行えることができない、このような状況をモラベックのパラドックスと言います。このパラドックスが指摘しているのは、人間から見て難しいタスクだからと言って必ずしもコンピューターにとっても難しいというわけではないということです。ある種の単純な手続きと高速な計算で解決できるタスクはコンピューターにとって容易であり、高度な認識や作業の抽象化、さまざまな課題に共通する性質を見出して類似の問題を解けるようにする汎化が必要とされるタスクは、解決方法が単純な手続きや計算に還元されない限り、コンピューターにとっては難しいということを示しています。

第二次人工知能ブームまでに研究された技術では、「子供の知能」を実現することはなかなかできませんでした。しかし、ディープラーニングによって人間と同等のレベルで画像や音声から、一定の規則や意味を持ったパターンを認識することができるようになり始め、その状況は変わってきています。ディープラーニング自体、ニューラルネットワークや機械学習を基礎とした計算や手続きとして実現されているので、コンピューターで実行されるものが大きく変わったわけではありません。ですが、第二次人工知能ブームのころに想定されていた計算量やデータ量の規模を大きく超えたところに、「子供の知能」を実現するための鍵が隠されていたことになります。

近年では、ディープラーニングを使ってカメラ画像を認識して制御を行うことによって、アームロボットが人のように視覚情報から麺を取り分けること（コネクテッドロボティクス株式会社, 2020）や、人でもはめ込むことが難しい精密な部品を組み立てる（国立研究開発法人新エネルギー・産業技術総合開発機構 et al., 2019）といったことが行えるようになってきました。これらのタスクを上手にこなすには大人の知能と子供の知能が必要とされます。第三次人工知能ブームの中で、少しずつ人工知能やロボットが扱えるタスクの領域が広がってきているのです。

汎用人工知能とシンギュラリティ

みなさんは、スタンリー・キューブリック監督、アーサー・C・クラーク原作の有名な映画『2001年宇宙の旅』をご覧になったことはあるでしょうか。この作品は一九八六年に公開されたSF映画の金字塔なので、ご覧になったことがなくてもタイトルを聞いたことがある方は多いと思います。監督のキューブリックがナレーションや説明的なセリフの多くをカットしてしまったため、解釈が難解な作品としても知られています。そのあらすじは次のようなものです。

木星探査宇宙船「ディスカバリー号」の制御頭脳である人工知能HAL9000型コンピューターは、人間の乗員と話し合い協力しながらミッションを進めていきます。しかしHAL9000には密かにモノリスと呼ばれる謎の物体の探査任務が与えられており、そのことは乗組員には隠されていたのです。順調に進んでいたように見えていた木星への飛行中、HAL9000がディスカバリー号の船長であるボーマンに今回の木星探査計画に疑問を抱いていることを伝えたことをきっかけに、船内に異常が発生し始めます。ボーマン船長ともう一人の隊員のプールはHAL9000の故障を疑い停止させようとしますが、その動きを察知したHAL9000は反旗を翻し、乗組員全員の抹殺を試みて……。

作中でHAL9000に与えられた命令「モノリス探査任務を隠しつつも乗員と話し合い協力しながらミッションをこなせ」はとても抽象的であり、状況によって何をすべきかを明確には規定していません。宇宙空間という閉ざされた空間にあってさえも具体的にどう宇宙船を制御し、乗組員とどのような会話ややり取りをするのかはHAL9000自身で考えることが要求されます。このように抽象度の高い目標に向かって自ら考え、次々と変わる状況に応じて自律的に行動を決められるHAL9000は「強い人工知能」を具現化したものと考えられます。ミッション達成に向けて起こり得るさまざまなタスクを自ら設定し、解決していくことができる、高い汎用性のある知能を持っていると言える人工知能を「汎用人工知能」とも呼びます（Adams et al., 2012）。

一九六〇年代にこの映画が製作されたとき、人工知能の研究者として著名なマービン・ミンスキーが映画セットの顧問として参加していたことを筆頭に、徹底的な科学的検証が行われました（マイケル et al., 2018）。二〇〇一年にはこのような「強い人工知能」が実現しているだろうという楽観的な予測に基づいて時代設定が行われました。科学考証に多くの科学者、研究者が参加していたこともあり、『２００１年宇宙の旅』は映画が公開されたあとも多くの人工知能研究者に影響を与えました。

HAL9000がおかれた状況はどのようなものであったか、HAL9000を実際に実現するためにはどのような技術を開発すべきか、多くの議論が行われました。しかしながら、現在の人工知能の研究ではたくさんの「弱い人工知能」は実現されていますが、舞台となった二〇〇一年をとうに過ぎても「強い人工知能」「汎用人工知能」を実現するためにどのような研究や技術が必要なのかについては、まだまだ人類は手がかりを掴んでいません。

このような「強い人工知能」「汎用人工知能」はいつ、どのように実現するのでしょうか。現在、「汎用人工知能」に関する研究プロジェクトがいろいろなところで行われています。日本でも、二〇一五年に創設された人工知能学会「汎用人工知能研究会」（日塔, 2016）が汎用人工知能に関わる研究活動を支える母体として活動を行っています。また、同じく二〇一五年に創設されたＮＰＯ法人全脳アーキテクチャ・イニシアティブ（ＷＢＡＩ、Whole Brain Architecture Initiative）は、「脳全体のアーキテクチャに学び人間のような『汎用人工知能』を創る（工学）」ことを目指した全脳アーキテクチャ・アプローチによる研究開発や人材育成を促進しています。

世界的にみてみると、ヴァーナー・ヴィンジは一九九三年に著作〝The Coming Technological Singularity〟において、「我々は今後三〇年以内に人間を超える知能をつくる技術的手段を手に入れるだろう」と記しました（Vinge, 1993）。ロボット掃除機で有名なiRobotの最高技術責任者も務め、ロボット研究者として著名なロドニー・ブルックスは、未来学者のマーティン・フォードの著書〝Architects of Intelligence〟のインタビューで「二二〇〇年までに、汎用型人工知能が五十パーセントの確率で実現される」と述べています（Ford, 2018）。また、著名なアメリカの未来学者レイ・カーツワイルは〝The singularity is near〟という著書にて、「二〇二九年にＡＩが人間並みの知能を備え、二〇四五年に技術的特異点が来る」と提唱しており（Kurzweil, 2005）、この問題は二〇四五年問題と呼ばれています。

カーツワイルの提唱する技術的特異点（シンギュラリティ）の意味するものは、「百兆の極端に遅いシナプスしかない人間の脳の限界を、人間と機械が統合された文明によって超越する」瞬間のことです。二〇四五年頃には千ドルのコンピューターの演算能力が人間の脳の百億倍にもなり、技術的特異点に至る知能の土台が十分に生まれ、自らを改良し続ける人工知能が生まれるとの予想がなされているのです。

一方で、「強い人工知能」「汎用人工知能」の実現に関しては否定的な意見の研究者もいます。ですが、なぜ実現できないのかという議論においてはあまり明確な根拠が示されているとは言い難く、むしろ今のところ実現できない理由が見当たらないということで楽観的に実現できると考えている人工知能研究者も多くいます。その実現可能性についての明確な議論を行うほど現状の人工知能研究が進んでいるわけではなく、今後も知能とはなにか、そしてそれを実現するためには何が必要かといったさまざまな議論を続けていく必要があります。

では、仮に「強い人工知能」「汎用人工知能」が実現すると何が起こるのでしょうか。イギリスの数学者であるアービング・J・グッドは一九六五年に、"Speculations Concerning the First Ultraintelligent Machine"（最初の超知的機械に関する推測）と題する論文の中で、次のように超人間の「知能爆発」に関する懸念を表明しました（Good, 1966; クリフォード et al., 2020）。

「超知的機械を、どんなに利口な人間の知的活動をもはるかに上回る機械である、と定義してみよう。機械の設計は知的活動の一種なので、超知的機械はもっと優れた機械を設計できるはずだ。であれば、知能爆発が起きることに疑問の余地はなく、人間の知能は完全に置き去りにされてしまうだろう。したがって、最初の超知的機械は、人類が必要とする最後の発明となる。ただしその機械が、自分たちを管理下に置く方法を私たちに自ら明かすほど従順であれば、だが。」

ここで言われていることは、もし人間によってひとたび「強い人工知能」や「汎用人工知能」が開発されれば、人工知能は自分自身の設計を自ら改良し、能力を高めることができるので、人間を置いてきぼりにして永遠に自らの能力を高め続けることができるということです。このような未来が訪れたとき、これは私たち人類にとって明るい未来となるのでしょうか。それとも、数多くのＳＦに描かれるような、人工知能に人類が支配されるディストピアな世界となってしまうのでしょうか。

私たち人工知能の研究者は人類の役に立つ技術をつくっていきたいと考え、日夜研究を進めています。真に役に立つ人工知能を実現するためには、技術的側面だけでなく、同時に倫理や道徳、人類の尊厳、生きる価値などとの関わりも含めて技術のあり方を考えていく必要があると言えます。

第3章
人工知能を実現する技術

又一つ風を尋ねてなく蛙
二〇一八年春　AI一茶くん

脳の神経細胞の働きを模倣したニューラルネットワーク

人工知能を実現しようと考えたとき、自然界の中で知的処理を実現しているもの、つまり人間を含めた生物の脳の働きを観察し、それを真似た仕組みをつくるという方法が考えられます（McCulloch & Pitts, 1943 ; Rosenblatt, 1957）。ニューラルネットワークはこうした発想のもと、脳の神経細胞の中で起きている現象を単純化して、コンピューター上で再現しようとして考案された技術です。

さて、生物の脳の働きとはどのようになっているのでしょうか。脳は神経細胞で構成されています。神経細胞は他の細胞から電気信号の刺激を受け取り、一定の条件を満たしたときに繋がっている他の神経細胞に電気信号を伝えます。条件を満たして電気信号を発することを発火と言います。こうした神経細胞が多数集まり、繋がった神経細胞の間で電気信号という形で情報のやり取りを行うことで、脳のさまざまな機能が実現されています。

人間が絵画や音楽などの芸術作品を見たり聞いたりしたときの脳の働きを調べ、美術作品の鑑賞、批評や創作と脳の機能との関係を研究する神経美学という研究分野があります（Chatterjee, 2010）。ダ・ヴィンチの名画モナリザのような作品を多くの人々が揃って魅力的だというのはなぜなのか、モナリザを人間が見たときの脳の活動パターンを分析すればわかるのではないかといったものです。

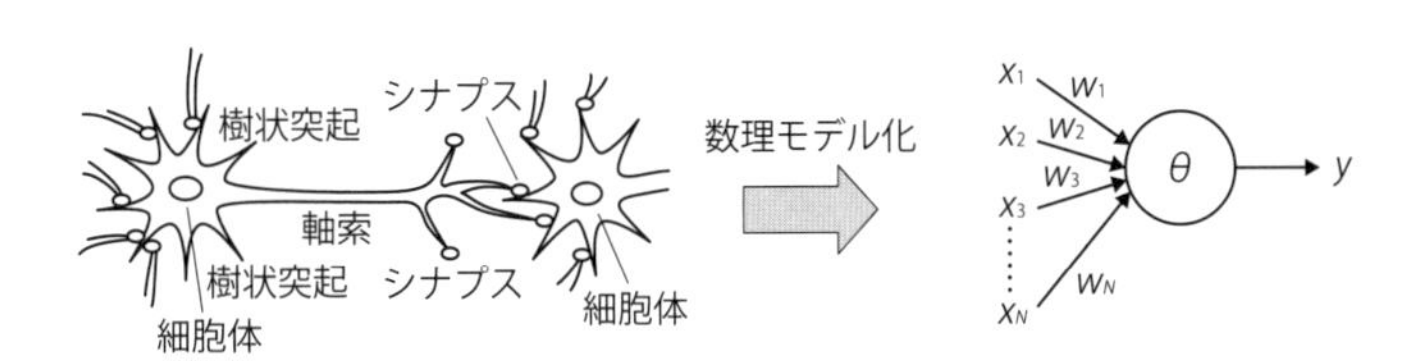

図3.1　人間の脳の神経細胞（左図）をもとに人工ニューラルネットワークのニューロン（右図）をコンピューターで計算する方法が考案された。神経細胞では複雑な化学反応により起こる現象を、コンピューターでは単純化した数式で表現する。

俳句を鑑賞するときに、脳はどのようにして十七音という短い言葉の中から、詠み手が伝えようとしていた情景についての想像を広げていくのでしょう。そのときに俳句の中のそれぞれの言葉や、俳句が詠まれたときの作者の境遇といった背景知識は、どのような働きをもっているのでしょう。また、俳句を詠もうとしたときに、脳の中ではどのようにして情景を伝えるための言葉が選ばれているのでしょう。俳句を詠んだり、鑑賞したりしているときには脳の神経細胞は活発に活動しているはずです。

神経細胞は英語でニューロンと呼ばれます。こうしたものが互いに網目状に繋がれたものをネットワークと呼ぶことから、神経細胞が互いに繋がったものや、これをコンピューター上で再現したものをニューラルネットワークと呼びます。

コンピューター上でニューラルネットワークを再現するときには、生物の神経細胞で複雑な化学反応によって電気信号がつくりだされていることは省略し、神経細胞が情報をやり取りしていることや、相互に複雑な繋がりを持つことのみに着目して単純化した計算を行います。こうしてコンピューター上に再現されたニューラルネットワークは、生物の神経細胞から単純化されたものを人工的につくっていることを強調して、人工ニューラルネットワークとも呼ばれます（Krogh, 2008）。

ここから先は、コンピューター上に生物の神経細胞の繋がりを再現したものを、単にニューラルネットワークと呼ぶことにします。

ニューラルネットワーク上では、ニューロンに伝えられる刺激は電気信号ではなく刺激の大きさに対応した数値で表現されます。受け取った刺激を他に伝える条件として、ニューロンにはそれぞれ一定の大きさの数値がしきい値として設定されています。受けた刺激の大きさがこのしきい値を超えたときにだけニューロンは発火し、その発火の強さに応じて繋がっている他のニューロンへ刺激を伝えます。

ニューロンの間の繋がりの強さも数値によって表現されます。あるニューロンから別のニューロンへの繋がりの強さは、結合重みと呼ばれる数値で決まります。あるニューロンが刺激を受けて発火すると、繋がった先のニューロンには刺激の大きさに結合重みを乗じた数値が伝わります。結合重みが大きいほど片方のニューロンが発火したときにもう一方のニューロンに大きな刺激が伝えられることになります。

また、一つのニューロンが二つ以上のニューロンから刺激を受けたときは、すべてのニューロンからの刺激が合計されます。ニューロンの間に繋がりがない場合は、片方のニューロンが発火してももう一方のニューロンに影響は与えません。これは、結合重みがゼロになっているということもできます。

ニューラルネットワークを使ってコンピューターで何か役に立つ情報処理を行わせようとしたときは、コンピューターに与えられる入力情報をいくつかのニューロンへの刺激として与え、他のニューロンに次々と伝わっていく刺激の大きさから計算された答えを読み取ります。

人工知能研究でよく使われる例題として、人間が手書きした一桁の数字のモノクロ写真画像から、どの数字が書かれているのかを当てるという画像認識問題（LeCun et al., 2010）があります。この問題を例にその動作を考えてみましょう。ニューラルネットワークを用いて画像認識する場合、まずは手書き数字の画像を、ニューロンへの刺激として与えられるような数値として表さなくてはなりません。

そのやり方の一つとして、画像を細かく画素に区分けしていき、それぞれの画素の明るさをゼロから百パーセントまでの数値で表す方法があります。一つの画像が与えられたときに、一番左上の画素の明るさの数値はゼロパーセント、そこから右に一つだけずれた画素の数値は十パーセント、というように対応する数値を並べていくことができます。画像を区分けした画素数と同じだけのニューロンを用意し、それぞれに対応する明るさに応じた刺激を入力することで、手書き数字の画像をニューラルネットワークに入力できるようになります。

次に、ニューラルネットワークに伝わる刺激の大きさから、書かれている数字が何であるかを判断する必要があります。よく使われる方法として、ニューラルネットワークの出口に数字の種類に

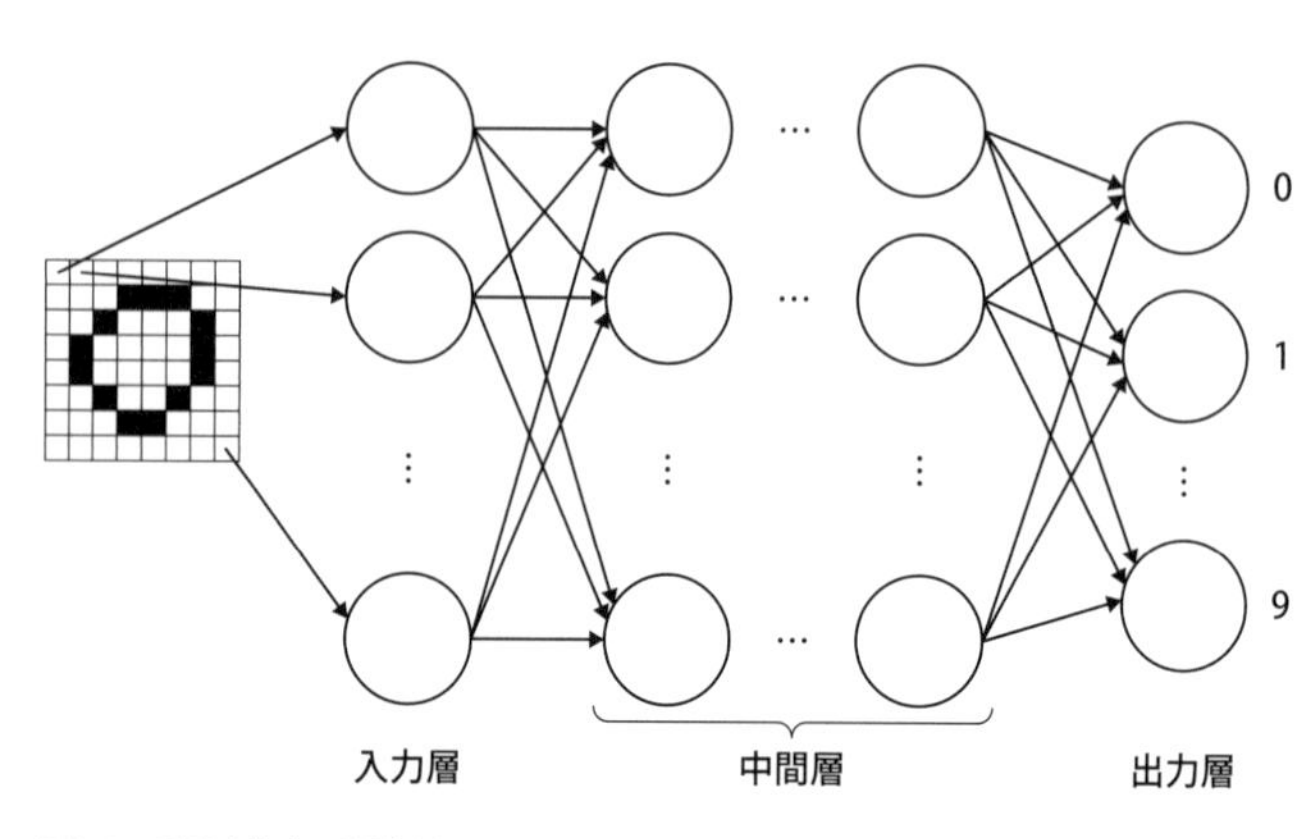

図3.2　手書き数字の認識を行うニューラルネットワークの例。左のニューロンに画像の情報が与えられ、刺激が右側のニューロンに順番に伝えられる。最も右側のニューロンには「0」から「9」の十種類の数字が対応付けられ、書かれている数字に対応するニューロンが最も強い刺激を発する。

対応する十個のニューロンを用意します。それぞれのニューロンはゼロから九までの数字に対応し、入力画像から一番大きな刺激を受け取ったニューロンの数字をニューラルネットワークの認識結果とみなします。入力から出力までの間には層状に多数のニューロンを繋げていきます。入力から答えまでに一方向に刺激が伝わるよう、ニューラルネットワークが構成されます。

最後に、ニューラルネットワークを構成するニューロンの間の結合重みはどのように適切に設定するのでしょう。これまでに説明したニューラルネットワークは、与えられた手書き数字の画像から数字の種類を出力することはできますが、その結果が正しいとは限りません。与えられた画像に対してどのような数字と認識されるかは、ニューロン間の結合重みによって変わります。ランダムに結合重みを設定すると、認識結果はランダムなものになってしまうでしょう。

ニューラルネットワークの中にはたくさんのニュー

ロンとその繋がりがあり、その一つひとつのはたらきを人間が観察しながら正しい答えを出すように結合重みを設定していくということは現実的ではありません。あらかじめ正解のわかっているデータに対して、仮の結合重みを設定したニューラルネットワークの答えを計算し、その答えが正解に近くなるように徐々に結合重みを修正していくという方法が採られます。

正しい答えを集めた教師データをもとにニューラルネットワークの結合重みを修正する過程は「学習」と呼ばれ、計算方法としてはバックプロパゲーション（誤差逆伝播法）と呼ばれる方法がよく使われます。こうして学習されたニューラルネットワークに、教師データと同じ性質を持つ正解のわからないデータを入力すると、その汎化能力によって正しい答えを出力することが期待されます。

ここまで紹介した例では、手書き数字の画像を数値化してニューラルネットワークに与えて画像認識させていますが、俳句のような文字情報も、数値化の方法を工夫して同じように扱うことができます。「古池や蛙飛びこむ水の音」というような文章があったとき、「古池」「や」「蛙」「飛びこむ」……というように意味のまとまった部分に区切り、それぞれの言葉に番号を一つずつ割りつけます。具体的な扱い方については、第6章で説明するＡＩ一茶くんの仕組みの中で紹介します。

コンピューターがデータから問題の解き方を学ぶ機械学習

「機械学習」とは、コンピューターに明示的な指示を与えるのではなく、コンピューターがこれまでの経験から学ぶことでデータの予測や分類問題などを解くという考え方です。一九五九年に計算機科学者アーサー・リー・サミュエルが発表した論文の中で「機械学習」という用語が使われ、脚光を浴びました（Samuel, 1959）。前節で紹介したニューラルネットワークの学習も、正解のわかっている教師データをコンピューターに経験させ、これをもとにニューラルネットワークの結合重みを決めて正しい判断をできるようにしている点で、機械学習の一種といえます。

先ほど紹介した手書き数字の認識を可能とする数式を人間の手で記述することは難しいのですが、手書き数字の例とそこに書かれている数字の正答を用意することは簡単です。もし優れた機械学習の方法があれば、それによって簡単に問題を解くことができることになります。

また、仮に手書き数字を認識するための数式が人間の手で用意できたとしても、違う問題に対してはその都度数式を用意する必要が出てきます。例えば数字ではなくアルファベットの種類をコンピューターで認識したいという場合には、また別の数式をつくることが必要になります。ですが、機械学習であれば数字ではなくアルファベットについての教師データをつくり、このデータを用いて機械学習を行うことで、問題が解けることが期待できるのです。このような利点から、人工知能において画像認識や言語処理などの機能を実現するときに、機械学習は幅広く使われています。

俳句の分類に機械学習を使うことを考えてみたときはどうでしょうか。著名な俳人の詠んだ有名な俳句の例と、俳句の初心者が詠んだ未熟な俳句の例をそれぞれたくさん集めます。もしその二つの間に違いがあるとすれば、見分け方をコンピューターに学習させることができるかもしれません。このような技術が実際に一茶くんの中でも使われています。

機械学習を用いて、俳句のような日本語の文章を生成することも実現できます。初めに、俳句の先頭にはどのような単語が現れるのかを機械学習で予測します。人間が詠んだ俳句をたくさん集めて、その先頭に現れる単語を教師データとします。こうすると、まずは俳句の先頭の単語一つをコンピューターで選択することができます。そして次に、先頭の単語が一つ決まったとき二つ目にどんな単語が続くのかということを学習します。このときには、人間が詠んだ俳句の先頭から二番目に現れる単語が機械学習の正解となり、先の結果と合わせるとコンピューターで俳句の先頭から二つの単語を生成できるということになります。これを三つ目、四つ目の単語と同じように続けることで、最終的に俳句を生成することができるようになるのです。俳句生成の詳しい方法については、第6章のＡＩ一茶くんの仕組みで説明します。

一方で、機械学習で学習する内容は教師データに依存するため、どのようなデータを学習させるのかを注意深く判断しなくてはなりません。機械学習の結果を使って正しく判断するためには、訓練に使った教師データと同じ性質のデータが入力されなければならないのです。例えば、手書き数字の学習にアラビア数字の画像データを使って学習したとすると、他の人が書いたアラビア数字の画像を見せられたときにその種類を正しく判断することはできるでしょうが、ローマ数字や漢数字で書かれた画像に対しては正しい答えを出すことはできません。

人間に例えると、子供のころから日本語でしか会話や読み書きをしてこなかった人が、外国語で書かれた本を初めて読んだときに、そこに書かれている内容が全くわからないのと同じ状況です。こうしたときでも本の厚み、大きさ、挿絵の有無などに着目して、この本は薄く大きくて柔らかい絵柄の挿絵があるので、低学年向けの児童書かもしれない、というように予想するくらいはできるかもしれません。しかし、こうした予想の裏では、人間が成長する過程で積んできたさまざまな経験が利用されています。子供向けの本は大人向けの本といろいろな点で違っているということや、言葉が違う外国にも日本と同じように子供向けの本があるだろうということを知識として知っていなければならないのです。

しかし、人間が身につけている一般常識のような知識をすべてコンピューターに整理して与えることは難しく、機械学習ではコンピューターに与えられる限られたデータのみから判断しなければなりません。こうしたことから、機械学習は教師データとして与えられたことのない状況に対して判断を下すことを苦手としています。例えば、二〇二〇年の新型コロナウイルスの流行とその対策により、海外から日本を訪れる人は大きく減り、テレワークが広がるなど人々の行動は大きく変わりました。このような事態はこれまでに例がなく、こうした状況で現れる影響を予測することは機械学習が苦手とするところです。

俳句に関しても同様のことがいえます。例えば、明治時代の俳句を教師データとして、著名な作品と初心者の作品を見分ける機械学習を考えます。仮に学習の結果としてコンピューターが両者を正確に区別できるようになったとしても、これを使って現代の俳句で同様の区別をすることはできないでしょう。現代の俳句には、明治時代の俳句には使われていなかった言葉が使われているので、訓練に使ったデータとは異なる性質のデータを予測することになってしまうからです。仮に同じ言葉が使われていたとしても、明治時代と現代とではその言葉の意味が異なるということもありえます。明治時代から現代に至るまで俳句の表現技法は洗練され続けているため、明治時代であれば斬新とされていた俳句が現代では陳腐とみなされる、ということもないとは言い切れません。

教師データから判断を下すということは、そのデータに差別や偏見など望ましくない特徴が含まれていた場合には、それがそのまま反映されてしまうことを意味しています。二〇一六年にMicrosoftが人間との会話を学習する人工知能Tayを公開しましたが、Tayは程なくしてヒトラーを擁護するなどの攻撃的で不適切な発言をするようになり、公開を中止して謝罪するという事件が起こりました（Lee, 2016; Tung, 2016）。これは、一部のユーザーが意図的にTayにこうした発言をさせようとして、学習機能を悪用した攻撃を行ったためとされています。Microsoft側でもこうした事態をある程度予期して問題のある内容を除外する対策を講じていましたが、不適切なデータを学習することを防ぎきることができませんでした。

二〇二一年には、韓国のチャットボットであるイルダが性的少数者に対する差別的な発言を学習してしまい、社会問題となりました（チェ・ミニョン, 2021; 韓国のAIチャットボット 個人情報流出・差別発言で運営停止 ─ 聯合ニュース, 2021)。イルダの機械学習に使われていたデータは、恋人の間でスマートフォンなどを使ってやり取りされていたメッセージでした。こうしたメッセージの内容は公に知られることなどは想定しておらず、差別的発言があったとしても不思議ではありませんが、公開されて広く利用可能なチャットボットの発言としては適切ではなかったのです。機械学習に使うデータは多いほど良い結果を出す傾向にありますが、大量のデータを集めるだけでなく、その内容に問題がないかもしっかりと精査しなければならないのです。

また、二〇二〇年に発表されたGPT-3（Generative Pre-trained Transformer 3）と呼ばれる文章生成言語モデル（Brown et al., 2020）は、インターネットにある膨大な文書を学習することにより、人間が書いたものと見間違うほどの流暢な英語の文章をつくることができます。翻訳や質問応答にも応用できるとされています。しかし、GPT-3がつくる文章での職業と性別の関係を調べると、国会議員や銀行家、石工などいくつかの職業は、女性よりも男性を表す代名詞とより強く結びつけられる傾向にあることがわかりました。このほか、人種や宗教でも同じような偏りがみられました。GPT-3の開発者たちは、こうした現象は学習対象となったインターネットの文章に含まれている偏りが現れたものだとして、偏りを是正する機構も必要になるだろうと述べています。これは、機械学習を行うデータの中に差別や偏見が含まれていないことを注意深く確認しなければ、意図しないうちに差別や偏見に基づいた判断を下すような人工知能をつくり上げてしまう危険性があることを示唆しています。

ここまでは、何らかのデータが与えられたときに、下すべき判断の正答がすぐにわかるような例をみてきましたが、こうした正答を与えることができる問題ばかりではありません。例えば、コースに沿ってラジコンカーをゴールまで動かすことを考えてみましょう。このとき、コースの形状やラジコンとゴールの間の位置関係をもとに、ステアリングやアクセルの操作を判断する必要がありますが、ある状況でどのようなラジコン操作を行うことが正答なのか、一概に決めることはできません。何回か操作を繰り返したときに、コースアウトして初めてそれまでの操作のなかに間違いがあったことがわかり、ゴールまで到達したときには良い操作方法であったことがわかるというように、ある方針で操作を続けたのちに、目的が最終的に達成されたのかどうかがわかるのです。

このような状況に対応した学習の方法に、機械学習の一種である強化学習があります（Sutton & Barto, 2018）。強化学習を行うとき、まず初めのうちはコースアウトまたはゴールにたどり着くまで、ラジコンカーをランダムに操作するということを繰り返します。もしコースアウトしてしまった場合にはそれまでの操作は間違っていたとみなして罰を与え、偶然コースアウトせずにゴールにたどり着いた場合にはそれまでの操作が正しかったということにして報酬を与えます。

これを繰り返すことでどのような操作を行うと罰を受けるのか、報酬をすぐに受け取るためにはどのような操作をすればよいのかを学習することができます。一見、学習のときには早くゴールにたどり着くために高い報酬を受け取れそうな操作を優先して選べば良いように思われます。報酬ではなく罰を受け取りそうだとわかっている操作ばかりを繰り返すと、ラジコンカーはすぐにコースアウトしてしまい、なかなか先に進むことができないからです。しかし学習の途中では、操作によって受け取る報酬や罰がまだ正確にはわかっていないので一筋縄ではいきません。

例えば、罰を受けると思っていたコース端に近づく操作をあえて行ってみると、実はカーブを通過する際にコースアウトぎりぎりを通ることでより早くゴールにたどり着くことができ、より高い報酬が受け取れる操作だったということがわかることも起こり得ます。こうしたことを発見するためには、ときには罰を受ける可能性を許容し、これまでにあまり試してみなかった操作を行ってみることも必要となります。これまでに学んだ知識に基づいて報酬を受け取れそうな操作をすることと、高い報酬を受け取れるような新しい操作を探すために、今までしてこなかったような操作方法を試してみることの両方が求められるのです。

強化学習を行う際は、このような知識の活用と探索の二つのバランスを取りながら良い操作方法を学習していくことが必要になります。こうした機械学習の考え方は、人工知能がロボットを操作したり、囲碁などのゲームで対戦したりするときにも利用することができ、次の節で説明する深層学習と合わせてさまざまな分野に応用されています。

強化学習の考え方は、俳句の生成にも無関係ではありません。現在の一茶くんでは、俳句の先頭に現れる単語、先頭の単語が決まったときにその次に現れる単語というように学習を行っています。

言い換えると、ある単語に他のどんな単語が続きやすいのかといった問題として俳句生成を扱っており、俳句全体としてどのような意味を持つのかを踏まえた仕組みにはなっていません。こうした問題を乗り越えるためには、俳句を一句生成し終えた後で、俳句全体を踏まえた何らかの評価をコンピューターで行い、そこで高い評価を得られる俳句を生成できるように、さらなる学習を行う必要があります。こうした学習を行おうとすると、ラジコンカーがゴールまでたどり着くということが俳句を一句生成し終えることに対応し、そのときどきのハンドルやアクセルの操作が、俳句を生成するときの単語一つひとつに何を並べるのかを決めるということに対応するので、強化学習の考え方が応用できるのです。

ディープラーニング(深層学習)

ディープラーニングとは、多くの層からなるニューラルネットワークによって機械学習を行う方法です。画像の認識や言語の処理など、これまでにコンピューターで解くことの難しかった問題がディープラーニングによって解けるようになり、広く研究が行われています。ニューラルネットワークはもともと生物の脳の神経細胞に着想を得たものですが、ディープラーニングはコンピューターが機械学習でさまざまな問題を解決するための方法であり、生物と同じようなやり方を取っているかどうかは重要視されません。

ディープラーニングの可能性が研究者の間で幅広く注目されるようになったきっかけは、ＩＬＳＶＲＣという画像認識コンテスト（Russakovsky et al., 2015）でディープラーニングを用いたAlexNet（Krizhevsky et al., 2012）が、それまでの画像認識の方法を大幅に上回る性能を示したことです。

一口に画像認識といってもさまざまな応用先が考えられますが、それぞれに対して画像認識アルゴリズムをゼロからつくり上げなければならないことは稀で、たいていは既にある画像認識アルゴリズムを工夫して利用することで、簡単に十分な成果をあげることができます。こうしたときに、精度や実行時間の観点からこれまでに発表されているアルゴリズムを同じ土俵で比較検討できれば便利です。画像認識コンテストはこうした性能比較のための目安として使われており、さまざまな大学や企業の研究チームが開発したアルゴリズムが比較されています。

コンテストでディープラーニングを用いたAlexNetが大差をつけて優勝したことは、研究者に大きなインパクトを与えました。今日ではディープラーニングの技術を用いたアルゴリズムがコンテストの上位を独占しています。第2章でも述べましたが、AlexNet以前にコンテストの上位にあったアルゴリズムは、まず画像がどのような特徴を持っているか、人間がさまざまな工夫を凝らして決めた方法に従って計算し、特徴量と呼ばれる数値によって表します。そのうえで、機械学習を使って画像の特徴量からそこに写るものを判断していました。

これに対してAlexNetは、画像をニューラルネットワークにそのまま与え、画像から特徴をどの

図3.3 ILSVRCの画像とタグの例。単に鳥や犬といった分類ではなく、「フラミンゴ」「鶏」や「ペルシャネコ」「シャムネコ」などのような細かい分類が求められる。また、背景の湖・道路や犬を散歩に連れていく人間など、対象とする動物以外の物体も映ることがあるが、これらを無視して動物の名前を答えなければならない。(出典: Russakovsky, O., Deng, J., Su, H., Krause, J., Satheesh, S., Ma, S., Huang, Z., Karpathy, A., Khosla, A., Bernstein, M., Berg, A. C., & Fei-Fei, L. (2015). ImageNet Large Scale Visual Recognition Challenge. *International Journal of Computer Vision (IJCV)*, 115(3), 211-252. https://doi.org/10.1007/s11263-015-0816-y)

ように捉えるべきかを含めてすべてを機械学習で行いました。このように、入力と出力だけを定義して行う学習をend-to-endの学習と呼びます。end-to-endの学習とすることで問題の扱いが簡単になるだけでなく、良い特徴量をコンピューター自身に探索させることができるようになり、人間が思いつかなかったような特徴量を見つけ出すことが期待できます。こうした学習を百万枚以上の画像に対して行うには膨大な計算が必要になります。AlexNetの機械学習では、本来はビデオゲームの画面描画に使われるGPUを転用して高速に計算を行っています。それまでの方法は全体の二十六パーセントほどの画像で誤答していたところ、AlexNetの誤答率はおよそ十六パーセントにまで減少したのです。

ディープラーニングの躍進は、この時期に揃いつつあった二つの前提条件が満たされたために起こったと言われています（Goodfellow et al., 2016）。一つ目の条件は、ディープラーニングがうまく働くためには機械学習に使える大量のデータが必要だということです。AlexNetが参加したILSVRCは二〇一〇年から開催され、そこでは百万枚以上の画像データを学習に使うことができます。しかし、その前身であるPASCAL Visual Object Classes Challengeというコンテスト（Everingham et al., 2010）が二〇〇七年に行われたときの画像データは、およそ一万枚しかありませんでした。こうした大量のデータが集められるようになった背景には、コンピューターやインターネットが社会に浸透し、コンピューターが扱える形でさまざまなデータが電子化され、インターネットを通じて集約されるようになったことが挙げられます。

二つ目の条件は、ディープラーニングに使われるニューラルネットワークには非常に多くのニューロンがあり、その計算を実用的な時間で行うには高速なコンピューターが必要になるという点です。先ほど触れたように、AlexNetの学習ではGPUを転用することでこの問題を解決しました。GPUは本来ビデオゲームで描画する画面の計算を行うための装置ですが、この頃に高速化や多機能化が進み、GPUを使ってディープラーニングで必要とされるような種類の計算を高速で行うことができる環境が整っていきました。ビデオゲームに使われるGPUは大量生産されているため安価に入手することができ、ディープラーニングが広く活用されるために大きな役割を果たしました。

ここまでAlexNetによる画像認識の例を見てきましたが、ディープラーニングにはこのほかにもさまざまな可能性が示されています。日本語や英語などをコンピューターによって処理する自然言語処理能力は、ディープラーニングによって大きく向上したといわれています。コンピューターを動かすソフトフェアを作成するときは、曖昧さを排除して厳密にコンピューターの行うべき動作を示すため、プログラミング言語と呼ばれる専用の言語が使われます。こうした言語に対して、日本語や英語といった私たちが普段の生活で話している言葉は自然言語と呼ばれます。

例えば日本語で「あなたはいい性格をしている」と言われた場合、字義通りに親切さや素直さを褒めていると受け止めることもできますし、身勝手さを皮肉られていると解釈することもできます。どちらの意図を伝えたかったのかを推測するためには、この会話をしている二人の普段の関係や、この会話の直前でどんな発言や行動をしていたのかといった会話の文脈を知る必要があります。コンピューターはこうした文脈の理解を苦手としているので、自然言語ではなくプログラミング言語で動作を指示する必要があるのです。このため、人工知能は自然言語の理解を必要とするようなタスクを苦手としていましたが、ディープラーニングは自然言語処理の分野でも大きく役立っています。

特に実用性の高い例として機械翻訳が挙げられます。機械翻訳とは、人工知能に日本語の文章を与え、同じ意味の英語の文章を生成させるといったように、異なる言語の間で文章を変換する問題です。ディープラーニングによる機械翻訳はそれまでの方法と比べて大きく正確さが向上しました。米Googleが提供する翻訳サービスでは二〇一六年にディープラーニングによる機械翻訳が導入され、より正確な翻訳ができるようになりました(Quoc V. Le & Mike Schuster, 2016)。機械学習にディープラーニングを適用するためには、翻訳したい言語での大量の対訳文のデータが必要になります。先の米Googleの例では、数百万から数千万ものペアを学習したと言われています。

日本語から英語への機械翻訳の学習を考えた場合、同じ意味の内容を日本語と英語で書いた文章のペアを用意します。ニューラルネットワークは日本語で書かれた文章を入力とし、同じ意味の英語の文章を生成するよう構成され、対訳文のデータをもとに結合重みを学習します。英語や日本語の文章をニューラルネットワークで処理するときには、文章を構成する単語にそれぞれ番号を割り当て、番号の列として扱います。英語の文章であれば単語が分かれているので簡単に単語列に分解することができますが、日本語の文章は切れ目が明確ではないので、形態素解析と呼ばれる技術により分割します。機械翻訳の正確さは専門の翻訳家にはまだだかないませんが、ときおり間違いが入り込むことに注意しつつ文章の大まかな意味をつかむような使い方であれば、十分に実用的なのではないかと思います。

詳しくは第4章の「人工知能と創作」で説明しますが、ディープラーニングを使うと、人が書いた英語の文書と見分けがつかないほど流暢な文章をコンピューターで生成することもできます。前節の機械学習についての説明でも触れた通り、GPT-3という文章生成モデルは、インターネッ

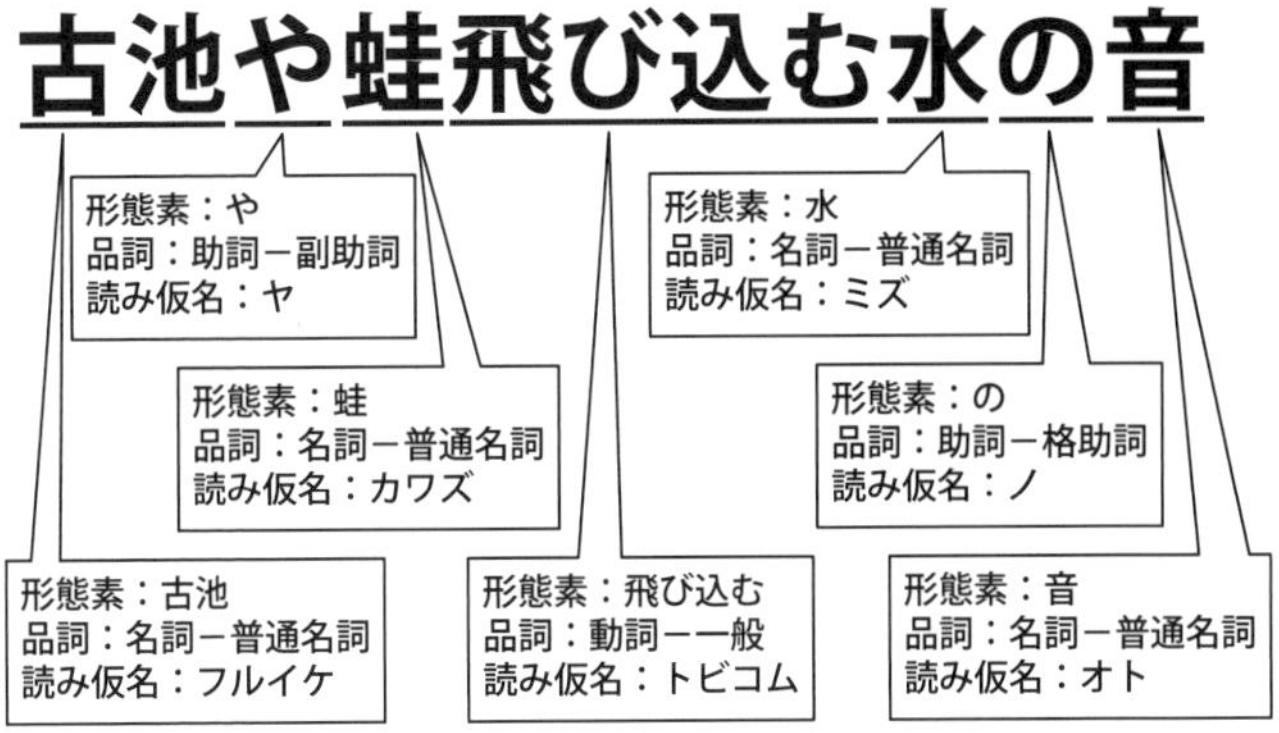

図3.4　形態素解析の例。日本語の文章がどこで分けられるのかをコンピューターで解析し、俳句などの文章を単語列に分解する。分割した単語の品詞や読み仮名などの情報も得られる。

ト上にある膨大な英語の文章データを教師として、驚くほど自然な英語の文章を生成することができます。ディープラーニングで人の書いた文章の特徴を学習して生成された文章は、すでに人の書いた文章と見分けることと難しいほど自然な文章になりつつあるのです。

ディープラーニングを使うと、画像と文章の二つの領域に跨るような課題を学習することもできます。二〇一五年に米Google社の研究者が発表した方法を使うと、写真の中にある人物や物体の状況を読み取って、コンピューターでその画像に対応する説明文を生成することができるのです（Vinyals et al., 2015）。ここで行われているのは、画像から誰が見ても納得する事実を説明文として生成することですが、こうした方法を上手く使うことによって、感情を込めて写真からその情景を上手く伝えるような人工知能をつくることも、将来的にはできるのではないかと思っています。

このほかにも、ディープラーニングと強化学習を組み合わせたＤＱＮ（Deep Q-Networks）と呼ばれる方法があります。人工知能がビデオゲームを繰り返しプレイするなかで、ゲームをクリアできるような操作方法を学習することができます（Mnih et al., 2013）。初期の研究では、この人工知能は一九七七年に発売されたAtari 2600というビデオゲーム機で動くスペースインベーダーやパックマンなどのビデオゲーム（Bellemare et al., 2013）をプレイします。人工知能に与えられるのは、ゲーム機の画面に表示される内容とコントローラーからどのような操作をすることできるのか、ゲームをプレイ中にいつスコアが入ったのか、ゲームが終了したときに操作に失敗してゲームオーバーになったのか、あるいはゲームをクリアしたのかといった情報だけです。こうした情報だけをもとに、何度も繰り返しゲームをプレイしながら、ゲームで高いスコアを獲得するような操作方法を見つけ出すのです。

学習過程において、例えばコントローラーのスティックをある方向に倒すと、その方向に画面に映る戦闘機が移動するゲームがあったとします。人工知能が学習を始めた時点では、この戦闘機をプレイヤーが操作できるということを知りません。プレイヤーがコントローラーを操作した後で画面に映る戦闘機の位置が変わるという情報を手掛かりに、高いスコアを獲得するための操作方法を学習する必要があります。こうしたビデオゲームのプレイ方法を学習するには、強化学習とディープラーニングの技術を組み合わせて用います。強化学習により、スコアが得られたりゲームをクリアしたりした場合に報酬を与え、ゲームオーバーのときに罰を与えることで、どのような操作がゲームのクリアに繋がるのかを学習することができるのです。ゲームの画面から状況を理解するにはディープラーニングによる画像認識の技術が用いられます。

最新の研究では、このような方法で学習した人工知能が一般的な人間よりもうまくビデオゲームをプレイできるまでになっています（Badia et al., 2020）。これは人間が明示的な正答例を与えなくても、人工知能が自ら試行錯誤を重ねて、良い行動を学習していくことができる可能性を示していると言えます。詠み手が感じた情景を俳句として他の人に伝えようとしたときにどんな俳句をつくることが正答なのか、俳句の作品を読んだときにそこからどんな情景を感じ取ることが正答なのか、はっきりとした例を教師データとしてコンピューターに与えられることは難しいです。このような状況で、コンピューターが人間に交じって句会に参加するという最終的な目標を達成するためには、強化学習が挑戦しているような難問を解く必要が出てくるのではないかと思います。

第4章 人工知能と創作

かなしみの片手ひらいて渡り鳥
二〇一八年夏　AI一茶くん

機械による創作

本書のテーマは人工知能による俳句の創作ですが、機械やコンピューター、人工知能に創作をさせようというアイデアは、実は古くからあることはご存じでしょうか。例えば子供から大人まで多くの方が物語のあらすじを知っている、一七二六年に出版されたジョナサン・スウィフトの『ガリバー旅行記』(Jonathan, 1801) 第三篇にもこんなシーンが描かれています。

ガリバーが架空の都市ラガードを訪れた際、ある教授が文学を生成する装置を披露します。この装置にはあらゆる単語が書かれたたくさんの木片がワイヤーで繋がっていて、装置のハンドルを動かすと木片の並び方が変わり、意味のある文章が生成されます。教授の弟子たちが指示に従って次々とハンドルを回して文章を生成し、書記の弟子に書き取らせます。教授が言うには、どんなに無学な人であっても、この装置を動かしさえすれば哲学や詩の本を書くことができるそうです。

この後もいろいろなアイデアが小説や映画、SFなどでも登場してきましたが、はたして人工知能を用いて芸術を創作するというモチーフにはどのような意味があるのでしょう。創作活動は、人が生きていくために直接的に必要なことではありません。知的好奇心や創作意欲は人間が持っている特殊な能力であり、芸術もまた人間だけが行う不思議な行動であると言えます。人はなぜ芸術を創作するのでしょうか。また、それを人工知能に行わせようという試みにどのような意味があるのでしょうか。この問いは哲学的で明確な答えを見つけることは難しいと思いますが、それでも私たちは人工知能を使って何かを創作することに強い興味を抱いてしまいます。そもそも、「創作する」こと、もしくは「創作することに興味を持つこと」は知能の本質に深く関わっているのではないかと思っています。

人工知能で俳句を生成するという私たちの取り組みは、テレビや新聞など多くのメディアで取り上げていただきました。この試みは人工知能研究者の注目を集めるだけでなく、俳句の専門誌などでも紹介され、さまざまな議論を巻き起こしています。知能とは何か、人とは何かを考えるときの大事な糸口を含んでいるのではないかと考えています。

サイバネティック・セレンディピティ

アメリカの数学者ノーバート・ウィナーが提唱したサイバネティックスという学問領域（ヽーンヾート et al., 2011）があります。生物と機械との間に情報のやり取り、コントロールの仕組みに関する類似性があることに着目し、生物の神経系機能のみならず機械の自動制御までを扱います。通信工学と制御工学の融合を目指し、心や脳の機能をダイナミックなシステムとして捉えた新しい学問領域であり、サイバネティックスの登場はその後の人工知能研究の発展に大きな影響を与えました。

一九六八年、ロンドンの現代芸術複合センター（ＩＣＡ、Institute of Contemporary Arts）でこのサイバネティックスという言葉を冠した「サイバネティック・セレンディピティ コンピューターと芸術」という、コンピューターアートによる展覧会が開催されました。この展覧会は、ＩＣＡのアシスタント・ディレクターであったラシャ・ライハートが中心となって企画したものです。セレンディピティは通常、「意図せず偶然に起きた、思いがけない、嬉しい役に立つできごと」を意味するので、サイバネティック・セレンディピティとはさしずめ、生物と機械を融合させることで生まれる偶然性、といったニュアンスでしょうか。

サイバネティック・セレンディピティはテクノロジーと創造性の関係を探求し、それを実証する国際的な展覧会で、「芸術家の科学への関与、科学者の芸術への関与を示す活動領域を提示すること」を目的としていました。コンピューターと新しいテクノロジーを利用して、どのように創造性と創意工夫の視野を広げられるかといった、さまざまな創造の可能性を示したことで注目を集めました。

対象はビジュアルアート、音楽、詩、物語、ダンス、アニメーション、彫刻と多岐にわたり、新しい技術に強く興味のある芸術家、科学者、技術者などに大きな刺激を与えました。後にこの展覧

図4.1 『サイバネティック・セレンディピティ:コンピューターと芸術』(Reichardt, 1968)のカバー。生物とコンピューターとの間の情報のやり取りの類似性に着目した学問領域の名前である「サイバネティックス」という言葉と、意図せず偶然に起きた幸運な出来事を指す「セレンディピティ」という言葉からなり、テクノロジーと創造性の関係を探求した国際的な展覧会での展示内容をまとめたもの。

会の図録として、『サイバネティック・セレンディピティ：コンピューターと芸術』(Reichardt, 1968) が出版され、その中で、コンピューターにより生成されたグラフィック、アニメーション、音楽、詩やテキストに加え、さまざまな形態の電子音楽機器、ロボット、お絵かき機械などが紹介されています。

サイバネティック・セレンディピティの試みはとても興味深く、今日の人工知能による創作の原典とも言えます。しかしまだその頃のコンピューターの性能は乏しく、人工知能に対する研究も始まったばかりであったため、その仕組みは単純なものばかりでした。多くはコンピューターが生み出すランダム性と、コンピュータープログラミングとして実装された単純なルールやアルゴリズムの組み合わせによる出力で創作が試みられていたのです。

実はこのサイバネティック・セレンディピティの事例の中の一つに、コンピューターによってHaiku（俳句）を生成するアルゴリズムが紹介されています。一九六八年のイギリスでの展覧会ですでに、日本の俳句とコンピューターアルゴリズムが出会っていたというのはまさに驚きです。このアルゴリズムは日本語ではなく英語を対象としていたので、Haikuは英語で詠まれています。図録によるとそのアルゴリズムがつくったとされる俳句は次のようなものになります。

all green in the leaves
I smell dark pools in the trees
crash the moon has fled
（葉の茂る暗きよどみに月落ちる）

all white in the bubs
I flash snow peaks in the spring
bang the sun has fogged
（ましろき子春峰光り陽が霞む）

出来の良し悪しはさておき、なかなか雰囲気のある詩になっているように思います。このアルゴリズムでは、規則に従って選ばれた単語を事前に用意されたテンプレートの中に当てはめる、つまりコンピューターが穴埋めを行うという手法が取られています。穴埋めを行う箇所は九か所程度、それぞれの穴埋めに入る単語は十〜二十単語程度が準備されていたので、ざっと十億通り以上の組み合わせがあります。これだけの組み合わせがあれば、きっと中には作品として鑑賞に堪えるものもあったでしょう。ですがあくまで穴埋めによる組み合わせであり、当時はテンプレートそのものを生み出すといった高度な言語処理まではできませんでした。

複雑系と創造性

このように、コンピューターを用いた芸術作品生成の取り組みは古くから行われています。仕組みを知らされないまま、でき上がった作品だけを鑑賞した場合、人を感心させる素晴らしい作品も中には存在するでしょう。しかし、素晴らしいと感じるような作品を人工知能で実現する仕組みは案外単純であり、人が決めたいくつかのルールや手順、アルゴリズムに従って情報を処理、加工してそれらしいものを出力しているだけとも言えるのです。

では、人が決めたルールから生まれる作品はバリエーションが限られた、創造性に欠けるものなのでしょうか。それとも、ルールやアルゴリズムから生まれる作品にも人の創造性に迫るようなものが生み出せるのでしょうか。この問いに対する答えの鍵を握るのが「複雑系」と呼ばれる研究分野（Waldrop et al., 2000）にあります。
「複雑系」とは、システム（系）を構成する複数の要素の相互作用の結果、全体として何らかの性質や振る舞いを見せるような性質を持つシステムのことを言います。複雑系の概念が登場する以前の科学研究は、複雑なシステムは要素に分解していくことで理解が深まり、これ以上分解できないところまで調べ上げれば必ず理解できるという要素還元主義の立場に立ってなされていました。しかしそのようなやり方では、必ずしも知能や生命現象の解明が進まないことが明らかになってきたのです。

システムを構成する個々の要素の性質がよくわかっていたとしても、その要素が多数集まり相互作用を始めることによって思いがけない振る舞いが生まれることがあります。このような例として、よく社会性昆虫と呼ばれるアリやハチなどの振る舞いが取り挙げられます。虫一匹の振る舞いや性質はそう複雑には見えませんが、多数集まることによってお互いに相互作用し、巣を守るために多岐にわたる仕事を柔軟に役割分担します。全体としてみるとまるで一つの生き物のように柔軟に環境変化に対応する力を見せます。一匹一匹のアリやハチの行動を観察するだけでは全体の振る舞いを理解することはできません。このように、相互作用から思いがけない高機能な振る舞いが現れる現象を創発と呼びます（大内 et al., 2003）。要素還元主義の反省に立ち、複雑系の研究では全体を包括的に捉えることの重要性が強調され、創発現象が生き物の知能や生命を生み出す手がかりになるのではないかと注目されてきました。

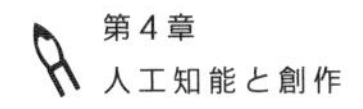

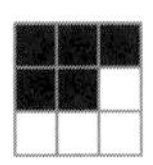

誕生：死んでいるマスに隣接する生きたマスがちょうど三つあれば、次の世代が誕生する。

生存（維持）：生きているマスに隣接する生きたマスが二つか三つならば、次の世代でも生存する。

死（過疎）：生きているマスに隣接する生きたマスが一つ以下ならば、過疎により死滅する。

死（過密）：生きているマスに隣接する生きたマスが四つ以上ならば、過密により死滅する。

図4.2　ライフゲームの基本ルール。碁盤の目のようにマス目を並べ、石が置かれたマスはそこに生命が存在する「生存」を、石のないマスは「死」を表す。それぞれのマスの周りに隣接するマスは斜め方向を含め八つ存在する。隣接する「生存」のマスの数に応じて次世代に「生存」となるか「死」となるかが決定される。（出典：ライフゲーム — Wikipedia）

複雑系の研究ではシミュレーションを駆使して、コンピューターの中で実際にシステムの変化を発展させることで創発現象の原理を探っていきます。細かく観察するのではなく、実際に知能や生命の振る舞いを組み立ててみることで創発現象が起こる条件や仕組みを調べていくのです。その際、必ずしも複雑で込み入った条件が必要かというとそうでもなく、コンピューター上に実現できる単純なルールや手順でも驚くほど複雑な現象をつくりだすことが知られています。

例えば、一九七〇年にイギリスの数学者ジョン・ホートン・コンウェイが考案したライフゲームと呼ばれるモデル（ライフゲーム — Wikipedia, 2021）があります。ライフゲームでは、碁盤や方眼紙のようなマス目が並べられた盤面を用意し、各マスに石を置いたり取ったりすることで状態が変化していきます。初期配置で盤面にいくつかの石を置いたあと、次のルールに従って盤面全体の石の配置を更新していきます。

①（誕生）周囲のマスに三つの石がある空のマスには石を置く

固定物体　世代が進んでも同じ場所で形が変わらないもの。

ブロック　蜂の巣

振動子　ある周期で同じ図形に戻るもの。

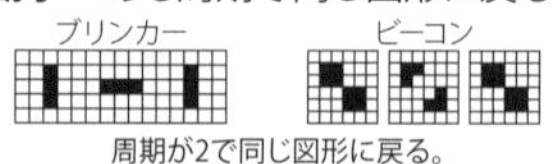

周期が2で同じ図形に戻る。

パルサー　銀河

周期が3以上で同じ図形に戻る

移動物体　一定のパターンを繰り返しながら移動していくもの。

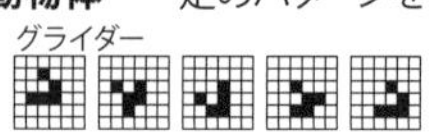

（生きているマスは■、死んでいるマスは□で表す。）

図4.3　ライフゲームを実行したときによくみられるセルのパターン。基本ルールはごく単純であっても、同じ変化を周期的に繰り返す複雑な模様や、同じパターンを繰り返しながら移動していくものなど、興味深い現象が観察される。（出典:ライフゲーム ― Wikipedia）

② 周囲のマスに二つか三つの石があればそのマスはそのまま（生存）

③ それ以外の場合では石を取り除く（死）

ルールは単純であり、コンピュータープログラミングの初心者でも簡単にプログラムを書くことができますが、この単純なルールに従うライフゲームが驚くべき多様性を見せることで多くの人工知能の研究者を魅了してきました。

例を挙げると、「ブロック」や「蜂の巣」と呼ばれる配置はシミュレーションを進めても場所も形も変わらず、このルールの中で固定物として安定的に存在できます。「ブリンカー」や「ビーコン」と呼ばれる配置は周期二の変化を繰り返します。「パルサー」や「銀河」と呼ばれる周期が長い変化を繰り返す配置もあります。さらに、「グライダー」と呼ばれる配置は形状を保ったまま盤面上を移動していくことができます。

ライフゲームのルールは子供でも理解できる単純なものです。しかし、初期配置から生まれるこのような構造の相互作用により、単純なルールから盤面の全体に複雑な変化が現れます。その変化はなにか生命の誕生、進化、淘汰などのプロセスを想像させる複雑で意味深いものに感じられるのです。

興味深いことに、このライフゲームはチューリングマシンと等価であることが証明されています。チューリングマシンとは、コンピューターの父といわれるアラン・チューリングが考案した現在のコンピューターの原型となる数学的なモデル（TURING, 1936）です。ライフゲームがチューリングマシンと等価ということの意味は、現代のコンピューターで計算できることは原理的にはすべてこのライフゲーム上でも再現できるということです。実際にそれを行うのは計算速度の観点などからあまり現実的とは言えませんが、機械学習やディープラーニングなどに代表される第三次人工知能ブームの基礎技術はコンピューター上で実現されるわけですから、原理的にはこのライフゲーム上でも再現可能ということになります。

本書のテーマは人工知能によって俳句を生成することですが、その人工知能がライフゲームのような単純なルールの上に実現されていたとすると、そこから生まれる作品は人が行う「創作」と同じと言えるでしょうか。それは高度に知的な作業だと言えるでしょうか。これは難しい問いだと思います。では、作品を生み出すアルゴリズムが人に理解できないほど複雑な仕組みだったならばそれを創作とみなしてよいのかどうかというと、こちらも違うような気がします。人工知能による創作とは何であるかという問いは、人が行う創作というものが何であるのかという問いと本質的に同じであると言えるかもしれません。

ディープドリームが描く悪夢

最近のディープラーニングを用いた芸術作品生成の取り組みに、米Googleの技術者アレキサンダー・モルドビンツェフたちが二〇一五年に作成したディープドリーム（Mordvintsev, 2015）というものがあります。ディープドリームでは、まず画像認識によく用いられる畳み込みニューラルネットワークを用いて、画像を自動的に分類するために膨大な学習を行います。学習を通じて、ニューラルネットワークの内部には画像の特徴を表す特徴量が自動的に生成されます。それはネットワークの最初の層では単純な画像のエッジや角、色、形などですが、だんだん後ろの層になると言葉では表現できない高次でより抽象的な特徴を捉えるようになります。このニューラルネットワークを逆向きに利用して画像を入力し、画像の中のパターンを意図的に過剰になるように処理することで、例えば雲が動物の形に見えてくるように、画像の中にさまざまなパターンを強調した幻覚的な画像を生成していきます。

図4.4 ディープドリーム(Deep Dream Generator)により生成された画像。樹木を映した写真に対してディープドリームのアルゴリズムによる計算を適用すると、画像の色合いや質感は元の写真の特徴を残しながらも、魚や犬の顔などのパターンが強調された画像が得られる。

ディープドリームの仕組みは最新のディープラーニングを利用して実装されています。それを実現するパラメータ数や計算量も極めて大きいものであり、サイバネティック・セレンディピティで紹介されていた単純なアルゴリズムとは比較にならない複雑さをもっています。ディープドリームによって生成された画像はこれまで人が描いてきたどの絵画とも大きく違い、人の視覚を混乱、麻痺させるような不安を抱かせ、新しい感覚を生み出していくのです。しかし、いくら仕組みが複雑でこれまでなかったような新しい創作だとしても、コンピュータープログラムで実現されているので、原理的には単純なプロセスを幾重にも実行しているだけになります。そこには、人が持っているような意思や意図は存在しません。

ディープドリームで生成された画像からはかく乱させられるような気持ち悪さを感じますが、一方でつい気になってしまうような怖いもの見たさも感じられます。その本質を考えたとき、そもそも創作における作品の価値は、その作品をつくりだすプロセスによって変わるものなのか、それとも、作品をつくりだすプロセスから切り離されて独立に決まるのか、という疑問が生じます。言い換えると、創作や芸術は人がつくるから価値があるのか、それとも人工知能でつくった作品でも同じ価値を認めることができるのかという疑問です。もし、人工知能で生成した芸術作品に人の作品と同じ価値を認められるのならば、作品をつくるプロセスである人工知能そのものにも大きな価値を認めるべきではないでしょうか。この先、人工知能の発展に従って多くの場面でこれと類似の問いかけがなされていくのだと思います。

なおディープドリームは、オープンソースで公開されているので誰でも利用することができます(GitHub — Google/Deepdream, 2015)。興味がある人はぜひどのような仕組みになっているのか見てみてください。

図4.5　レンブラントが残した自画像（左図）と人工知能にレンブラントの作風を再現することによりつくられた油絵（右図）。レンブラントのタッチ、色使い、レイアウトなどの特徴をデータ化し、絵の具を塗り重ねて印刷することで油絵をつくり上げ、レンブラントが「新作」として描いたとしか思えない出来栄えの油絵がつくられた。

現代によみがえるレンブラント

ディープドリームとはまた違ったコンピューターを用いた絵画生成の試みに、〝The Next Rembrandt〟（レンブラントの新作）というプロジェクト（デュ，2020）があります。レンブラント・ハルメンソーン・ファン・レインは十七世紀オランダのバロック絵画を描く画家の一人で、光と影の画家と呼ばれ、油彩のほか、エッチングや銅版画、デッサンなどでも数多くの作品を残しています。このレンブラントを現代によみがえらせようと、Microsoft、オランダの金融機関ＩＮＧグループ、レンブラントハイス美術館、マウリッツハイス美術館、デルフト工科大学などがレンブラントの作風をコンピューターで再現するプロジェクト（The Next Rembrandt, 2016）を始めたのです。

このプロジェクトではまず、レンブラントが生前に残した三百四十六点の油絵画をデジタルスキャンし、タッチ、色使い、レイアウトの特徴などをデータ化しました。データ化にあたっては、3Dスキャナを使って絵の具の凹凸までも計測しています。モチーフとしてはレンブラントが好みそうな白人男性の肖像画を選び、データをディープラーニングで学習し、顔の各パーツのレイアウト比率や服、そのほか描き方の特徴などを再現するアルゴリズムを用いてレンブラントの新作を出力しました。

コンピューターが出力した結果をただプリンターで印刷しても本物の油絵にはなりません。そこでこのプロジェクトでは、コンピューターが出力した結果に基づき、最大十三層に絵の具を塗り重ねて絵画を3Dプリントしました。その作品は一億四千八百万以上の画素と百五十ギガバイトのレンダリングされたデータによってつくられていて、創作された作品はレンブラントが描いた油絵としか思えない出来栄えになりました。

こちらはディープドリームのように、新しいテクノロジーによってこれまでにないジャンルの作品をつくるというのではなく、過去に実在した画家の作品から画家の感性や技術を学習し、新しいモチーフを与えて作品をつくりだしています。果たしてこれは人工知能による創作と言えるのでしょうか。単にデータを学習した人工知能が、学習結果に応じて与えられた入力を最適化しただけであるとしか言えないのでしょうか。

コンピューターに限らず人間でも有名な画家の絵画を模写することで練習し、そのタッチや構図を学ぶだけでなく、その画家が何を考えて絵を描いていたのかを学ぶことは行われています。人間と同様に、人工知能もいろいろと学び、その中から新しい作品が生まれたり、また全く新しい画風が生まれたりもしているのです。

人工知能による文章生成

人工知能で文章を生成するという取り組みも、自然言語処理という研究分野で古くから行われています。ごく簡単なものでは、いろいろな単語を入れることができる穴埋め式の文章のテンプレートを作成し、状況に応じて作文を出力するというものがあります。ECサイトのメールマガジンなどで、ユーザーの名前や購入履歴、レコメンドの結果によって文章を自動生成するものなどはこのような技術を使っています。あらゆる場面で自然な文をつくるということはできませんが、応用範囲を上手に限定することでそれなりに自然に見える文章をつくることができます。第1章で取り上げたコンピューターによる俳句生成の先駆的な研究もテンプレートを利用したものといえます。

私たちの研究でも、競輪の予測記事を人工知能が作文し公開するということを行っています（吉田 et al., 2019）。競輪は地方で開催されることも多く、レース規模も小規模であるため、記者が一つひとつのレースを取材して記事をつくるということが難しいのが現状です。ウェブなどで公開されているものはどうしても過去のレース結果や時々のオッズのみということが多く、レースの見どころや予想の手がかりになるような情報を提供することは困難です。そこで私たちは過去のレース結果をディープラーニングで学習することによって、レース結果だけでなく、レース展開も予想するアルゴリズムを開発しました。ディープラーニングによる予想結果に基づいて、適切なテンプレートを用いることで競輪新聞の記者が書いたような記事を自動生成することができるようになりました。

私たちの開発した人工知能で生成した競輪の予想記事は次のようなものになります。

「ここ四ヶ月勝率二十三・五％の⑤江本が単騎で一着。②中西が単騎で二着。北日本ラインから①阿部が単騎で三着。三連単予想は5－2－1です。」

「ベテランの⑦武田が①朝倉の頑張りで一着。別線から⑤福田が二着とスジ違いの決着。①朝倉が三着。関東ラインが力上位。三連単予想は7－5－1です。」

「②吉澤が⑤伊早坂駿一の頑張りで一着。別線から③佐藤が二着とスジ違いの決着。③佐藤に続き①大塚が三着。三連単予想は2－3－1です。」

「④石塚が単騎で一着。別線から⑤佐々木悠葵が単騎で二着。⑤佐々木悠葵に続き⑦浦川が単騎で三着。三連単予想は4－5－7です。」

レースの予測に基づいて記事のテンプレートを選び、選手の名前やデータを穴埋めすることでつくられた記事ではありますが、競輪を楽しむのに十分なものになっているのではないでしょうか。複雑な現実世界のデータをテンプレートに反映させることで、競輪の予想記事という限定された状況では人の記者が書く記事と遜色のないものができます。しかしこの仕組みでは、例えば怪我からの復帰やスランプからの脱出、個々の選手の感動的な秘話などレースを盛り上げるようなドラマチックなバックグラウンドストーリーを作文したり、感動的に伝えたりすることは残念ながらできません。あくまで機械的な予想に基づいて作文をしているだけです。競輪の記事を書くという行為において、人工知能に人の代わりができる部分は残念ながらまだまだ限られていると言わざるを得ません。

より高度な文章生成

今の人工知能にとって、文脈を理解したさらに高度な文章を生成させることは可能なのでしょうか。二〇一八年に米Googleのジェイコブ・デヴリンらが発表した自然言語処理モデルBERT（Bidirectional Encoder Representations from Transformers）という技術（Devlin et al., 2018）があります。

一般には、自然言語処理は単語を高次元のベクトルに置き換える分散表現を用いて処理されます。例えば、「寒い」や「暑い」などと言った単語を（0.1,-0.2,0.6）、（-0.1,1.5,-0.3）というベクトルに置き

データセット	タイプ	概要
MNLI	推論	前提文と仮説文が含意 / 矛盾 / 中立のいずれか判定
QQP	類似判定	二つの疑問文が意味的に同じか否かを判別
QNLI	推論	文と質問のペアが渡され、文に答えが含まれるか否かを判定
SST-2	1文分類	文のポジ / ネガの感情分析
CoLA	1文分類	文が文法的に正しいか否かを判別
STS-B	類似判定	二文が意味的にどれだけ類似しているかをスコア1～5で判別
MRPC	類似判定	二文が意味的に同じか否かを判別
RTE	推論	二文が含意しているか否かを判定

表4.1 BERTが解くことのできる自然言語処理のタスク

換え、そのベクトルの並びで文章を扱っていきます。しかし同じ単語でも、どのような文章の中で現れるかによって意味が異なることが多くあります。例えば、「寒いので暖房のスイッチを入れた」や「晴れた冬の夜は寒い」というときの「寒い」と、「寒いダジャレを言うのをやめろ」や「双方とも腰が引けたお寒い試合だ」という文章の中の「寒い」は分けて考える必要があります。

BERTは文章中の前後の文脈を踏まえて、それぞれの単語の分散表現をディープラーニングによって学習させたモデルです。このために膨大な文章サンプルを用いて事前に学習を行います。その際、文章の一部の単語などを空欄にした穴埋め問題を作成し、文章を前から後ろから入力することで正しく穴埋めができるか。また、提示された二つの文章が実際にサンプル中で連続した文章なのか、そうでないものなのかを判断させる問題などを解かせることも行っています。

このように学習させたBERTは、表4・1のような課題において従来の自然言語処理アルゴリズムの能力を大きく凌駕する性能を示したと論文には書かれています。

これらの課題で性能を示すためには文章の文脈がわかっている必要がありますが、BERTは果たしてどのぐらいの実力なのでしょうか。スタンフォード大学が一般公開している、SQuAD(Stanford Question Answering Dataset)という人と能力を比較して言語処理の精度を測るベンチマークを例にとって説明したいと思います。このベンチマークでは、例えば〝Where do water droplets collide with ice crystals to form precipitation?〟(水滴はどこで氷の結晶と衝突して雨を形成するのか?)という質問があった際、Wikipediaの〝Precipitation forms as smaller droplets coalesce via collision with other rain drops or ice crystals within a cloud〟(雨粒は、小さな水滴が他の雨滴や雲の中の氷の結晶と衝突して合体することで形成されます)という文章を参考にし、〝within a cloud〟(雲の中)と答えることが求められます。論文に紹介された結果によると、BERTはこのベンチマーク問題において人間を凌駕する点数を出しています。

ただ、BERTは文章の文脈がわからなければ解けないような高度なベンチマーク問題を解くことができるものの、文章を生成することはできません。これは文章の一部を空欄にして、前後の文脈から空欄に何が入るかを予測することをBERTが学習しているからです。文章を生成するときは先頭から順番に言葉を生成していき、新しく生成しなければならない言葉を空欄とみなして、これを埋める言葉を予測しなければいけません。ですがこの場合は、空欄の後ろにどのような文章があるかは参考にすることができません。BERTのように空欄の後ろの情報を予測に使うと、文章の前だけでなく後ろの文脈も考慮した言葉の繋がりを学ぶことができますが、引き換えに文章の生成はできなくなってしまうのです。

さらに進んだものとして、OpenAIという人工知能を研究する非営利団体より発表されているGPTというモデル（Alec et al., 2018）があります（前述のGPT－3はこれの改良版）。これは、文章の生成を学習することで先ほどのベンチマーク問題を解くことを目指している点がBERTの考え方と異なります。最初に発表されたモデルはBERTにベンチマーク問題を解く精度で劣っていました。これを改良したGPT－2ではアルゴリズムを修正して、学習データやパラメータを増やしていくことで性能を追求しています（Radford et al., 2019）。これまでの文章生成モデルは、段落の途中でそれまで書いてきたことを忘れて辻褄が合わなくなったり、長文の構文が崩れたりしてしまうことが起こりましたが、GPT－2ではそのようなことがほとんど起こりません。GPT－2は人が読んでも自然に感じられる高精度のテキストを自動生成できるのです。発表当初はフェイクニュースなどを際限なくつくることができてしまうため、開発陣が「あまりにも危険過ぎる」と危惧してモデルの公開が延期される事態にまで発展したほどです（GPT-2: 6-Month Follow-Up, 2019）。現在では、いくつかのモデルが公開されて自由に利用できるようになっており、前述した後継のGPT－3というアルゴリズムも開発されています（Brown et al., 2020）。

GPT－2のパラメータは十五億個に対し、GPT－3は千七百五十億個のパラメータを持ち、人間が書いたものと区別がつかないような文章の生成も可能と言われています。そこで、GPT－3で生成した五百語以下の文書と人の手による文章を混ぜて、作者を人に判定させるテストが行われました。そのときの判定精度は五十パーセント近くになり、すでに人が作成した文書なのかＧＰＴ－３によるものなのかほとんど判別できていないレベルに達していることが明らかになりました。

論文中で示された、ＧＰＴ－３が作文した記事を次ページに引用します。次々ページが日本語訳です。

まるで人間が書いたとしか思えないような記事を人工知能が作文していることがわかると思います。長文である上に、その文章や議論において伝えたいことの中心となる論旨が首尾一貫しており、破綻がないことに驚かされます。これだけの長文で破綻なく論旨を展開するためには、人が書くような文章表現で一文を生成することはもちろんのこと、一文一文の内容、繋がり、そしてその論理展開を意識する必要があります。ニューラルネットワークを用いた学習において、膨大な教師データから「ある言葉に続きそうな言葉」を学習して繋げていくことができるというのは想像つきますが、長文において全体の論旨を維持しながら、直前の言葉に繋がる言葉を適切に選択して文章を完成させることができるというのは驚愕に値します。

Title: United Methodists Agree to Historic Split
Subtitle: Those who oppose gay marriage will form their own denomination
Article: After two days of intense debate, the United Methodist Church has agreed to a historic split - one that is expected to end in the creation of a new denomination, one that will be "theologically and socially conservative," according to The Washington Post. The majority of delegates attending the church's annual General Conference in May voted to strengthen a ban on the ordination of LGBTQ clergy and to write new rules that will "discipline" clergy who officiate at same-sex weddings. But those who opposed these measures have a new plan: They say they will form a separate denomination by 2020, calling their church the Christian Methodist denomination.
The Post notes that the denomination, which claims 12.5 million members, was in the early 20th century the "largest Protestant denomination in the U.S.," but that it has been shrinking in recent decades. The new split will be the second in the church's history. The first occurred in 1968, when roughly 10 percent of the denomination left to form the Evangelical United Brethren Church. The Post notes that the proposed split "comes at a critical time for the church, which has been losing members for years," which has been "pushed toward the brink of a schism over the role of LGBTQ people in the church." Gay marriage is not the only issue that has divided the church. In 2016, the denomination was split over ordination of transgender clergy, with the North Pacific regional conference voting to ban them from serving as clergy, and the South Pacific regional conference voting to allow them.

タイトル：合同メソジスト教会が歴史的な分裂に合意
サブタイトル：同性婚反対派が独自教派を設立
記事：合同メソジスト教会は、2日間にわたる激しい議論の末、歴史的な分裂に合意しました。この分裂により、「神学的にも社会的にも保守の立場」をとる新教派が生まれるとワシントン・ポスト紙は報じています。5月に開催された教会の年次総会に出席した代表者の過半数が、LGBTQ聖職者の任命禁止を強化し、同性婚を執り行った聖職者を「懲罰」する新たな規則を制定することに賛成を表明しました。しかし、同性婚に反対する人々は、2020年までに、新たに「クリスチャン・メソジスト派」と称する独立教派を立ち上げる計画を立てています。
ワシントン・ポスト紙によると、会員数1250万人とされる同教会は、20世紀初頭には「アメリカ最大のプロテスタント教会」でしたが、ここ数十年は縮小傾向にあります。同教会にとっては、これが2回目の分裂となります。1回目は1968年、会員の約10％が脱退して、「福音合同ブレザレン教会」が設立されました。ワシントン・ポスト紙は、この分裂計画について、「長年にわたり会員減が続いてきた教会にとって重要な時期」と指摘し、「教会におけるLGBTQの人々の役割をめぐり、分裂が避けられない段階まで来ている」と述べています。同教会を分断している問題は、同性婚だけではありません。2016年には、トランスジェンダーの聖職者の叙任について教会の意見が割れ、北太平洋地域会議は叙任を禁止し、南太平洋地域会議は叙任を認めることを決議しました。

GPT-3にまつわる驚くべき事件として、アメリカの有名な掲示板Reddit上でGPT-3が一週間以上にもわたり正体を隠して一般ユーザーの相談に乗っていたということがありました(Kmeme: GPT-3 Bot Posed as a Human on AskReddit for a Week, 2020; 文章生成AI「GPT-3」がRedditで1週間誰にも気付かれず人間と会話していたことが判明 ― GIGAZINE, 2020; Macaulay, 2020; Rhett, 2020)。そこで行われた会話の一つが、自殺願望を乗り越えたというユーザーが立ち上げた「人生の暗い時代を乗り越えるのに役立ったものは何ですか?」という問いへの返答です。GPT-3は、「私を一番助けてくれたのは、おそらく両親だと思います。私と両親はとても良い関係で、両親はいつも私を支えてくれました。私の人生の中で、自殺したいと思ったことが何度もありましたが、両親のおかげで自殺はしませんでした」と両親への感謝を述べたほか、高校や大学で自分を支えてくれた恩師への思いもつづったそうです。

また、エレベーターの点検担当者に「エレベーターで見つけた最も奇妙なものは?」と尋ねる問いでは、「まず最初に思い浮かぶのは、ビルの底にあるシャフトやエレベーターの機械の中に住む、人間の集落が最近発見されたことです。これは社会学者や人類学者にとって驚異的な発見であり、これまでにないほど人間の文化史に迫るものでした」と回答しました。当然架空の話ですが、その書きぶりはある種の真実味が感じられるレベルです。

このようなGPT-3を使用したボットの活動が発覚したきっかけは、人間離れした投稿速度と頻度でした。あるユーザーがその人間離れした投稿に疑問を持ち、質問を投げかけたところから作家のフィリップ・ウィンストン氏を中心に調査が始まりました。一連の調査の過程で、Philosopher AIというGPT-3サービスの開発者であるミュラ・アイフェル氏に調査を依頼したところ、このボットはPhilosopher AIを使っていることが判明しました。

ウィンストン氏はこのやりとりについて、「これは、四億人以上の月間アクティブユーザーを擁するウェブサイトで行われた、人工知能と人間の情緒的なやりとりです。人工知能には両親など存在せず、自殺もできないにもかかわらず、GPT-3がこのような嘘をついたことは特筆に値します。人間を装ったボットは前から存在していると思いますが、これは私が見たことがある中で最も洗練されたものであることは間違いありません」と述べたそうです。

これだけではなく、GPT-3は別の形でも驚くべきことも成し遂げています。その一つの例は、アプリ開発です。アプリはソフトウェアなので、実現したいアプリに対応するプログラムを開発する必要があります。通常は人がその内容を理解し、単純な命令を組み合わせてプログラムを組み立てることで完成させます。私たちも大学でプログラミング教育に携わっていますが、抽象的な実現したい内容から単純な命令の組み合わせを導き出す作業には高度な知能が必要であり、自由につくりたいものを実現するプログラムを組めるようになるためには相当のトレーニングが必要になります。

プログラミングのチュートリアルを含む膨大なデータをウェブ上から取り込んでいるGPT-3に、「やるべきタスクをリストにし、完了したら消す」という内容を文章として入力すると、なんと、数秒後にはその通りに機能するアプリのプログラムを出力することができるそうです。つまり、まるで人のプログラマーのようにやりたいことを文章から理解し、それを実現するプログラムを出力してくれるのです。

このGPT-3に代表されるような、人工知能で何をどんなことまでできるのかといった研究は日々進んでいます。さらに高いレベルで言葉を操るためには単に言葉の語彙を増やすだけではなく、文章生成の目的であるコミュニケーションの前提となる間の価値観や感情、個性、状況などを理解する必要があるはずです。果たしてそれが膨大な文章からなる教師データのみからディープラーニングによって学ぶことができるのか、それとも教師データとなる文章を超えて人の体験や経験を入力とする何らかの方法が必要とされるのか、まだまだわからないことだらけです。

人工知能は作家になれるのか

より本格的に人工知能による作品生成を推し進めるプロジェクトに、人工知能研究者である東京大学の松原仁教授が中心となって進めている「きまぐれ人工知能プロジェクト 作家ですのよ」というものがあります（佐藤, 2016）。このプロジェクトの目的は、星新一の作品を使って人工知能にショートショートを書かせることです。ショートショートとは、短編より短い概ね八千字以内の小説のことで、星新一はSFのショートショートを数多く遺した作家です。星新一の作品は国語の教科書にも多く採用されているので、『ボッコちゃん』(星, 1971)、『花とひみつ』(星 & 和田, 1957)、『服を着た象』(星, 1973)、『おーいでてこーい』(星 et al., 2001)、『きまぐれロボット』(星 & 和田, 1999)などの作品を読んだことのある方も多いのではないでしょうか。このプロジェクトでは、星新一の作品を分析の対象や教師データとして利用し、星新一風のショートショートを人工知能で生成することを試みています。レンブラントの新作の小説版と言えるかもしれません。

このプロジェクトではなぜ星新一に焦点を当てたのでしょうか。松原教授によると、星新一は千作以上の作品を残しており、それぞれに落ちがある作品で物語の構造が明確なものが多いそうです。また、星新一自身がショートショートの創作方法について多くのコメントを残しているため、思考過程を参考にすることができるだけでなく、作品の特徴に関する知見が多くのファンや評論家から得られるからだそうです。

GPTなどの人工知能による自然言語処理の研究では、汎用的な言語処理の実現を目標にするため、できるだけ万遍ない膨大な文章をベースに学習を行い、さまざまな課題を課すことで文章理解力や文章生成力の能力を向上させることを目的とします。一方このプロジェクトでは、星新一をお手本としたショートショート作成というターゲットを絞り込んだ自然言語処理の実現を目指しています。技術の確立もさることながら、つくられた作品を人に楽しんでもらうことと、加えてそれに

図4.6　「きまぐれ人工知能プロジェクト 作家ですのよ」ホームページのTOP画像。星新一のショートショート全編を分析し、人工知能に面白いショートショートを創作させることを目指すプロジェクト。東京大学の松原仁教授を中心に2012年9月に開始された。

至る過程自体も一つの物語として楽しんでもらうことを想定しています。

このプロジェクトでショートショートを生成する最初のアイデアは、「テキストの切り貼りで新しいテキストをつくる」ことでした（佐藤, 2016）。既存のショートショートをベースにし、その中のいくつかの文章の節の代わりに、他の作品から抜き出した節を、プログラムを使って穴埋めする方法が試されました。しかしこの方法では、文章の意味を理解できていないコンピューターにとって、意味が通るような節を選んで置き換えることが難しく、あまりうまくはいかなかったそうです。

そこで次のアイデアとして、構造化されたあらすじに沿ってテキストを生成することが試されました。まず初めに、冒頭部→出だし　時空の描写　登場人物の導入　時空の描写→時間の描写　場所の描写、のようなあらすじを人間が決めます。このあらすじに沿って、「出だし」や「時空の描写」、「登場人物の導入」といったブロックごとに語彙や制約条件を複数用意し、プログラムで組み合わせるという作業を行います。これによって、次のような習作をつくることができるようになりました（松原 & 川村, 2019）。

＊

スマホが鳴った。深夜一時ころ。ここは研究室の中。鈴木邦男は、先月ここに配属されたばかりであるが、平均帰宅時間はすでに深夜零時を超えている。邦男は大きなあくびをしながら、ポケットの中からスマホを取り出した。

「鈴木邦男さんですか？」

「はい、あなたは？」

「わたしは悪魔」

「イタズラならよしてくれ。僕はいまレポートで忙しいんだ」

「なんでも一つ願いを叶えてみせましょう」

「バカバカしい、さあ、切りますよ」

「お待ちください、一度試してみてからでも損はないでしょう？」

「それなら、このひどい眠気をなんとかしてくれ。レポートが進みやしない」

「お安い御用です」

悪魔がスマホ越しに何やら呪文を呟いたと思うと、邦男の眠気はさっぱりと消え飛んだ。レポートもばっちり書けた。しかしそれ以来、邦男は一睡もすることができなくなった。

＊

あらすじは人が決めたとはいえ、星新一のテイストを持った、読むに値する文章が生成されていることがわかると思います。実際には、数多くつくられた候補の中から最もそれらしい文章を選定する際に人の力を借りているので、人工知能のみで素晴らしい文章がすぐに生成されるわけではないそうです。きちんと意味が通っていて、それなりの文章であるかどうかを判断することは、現在の人工知能では実現が容易ではありません。なぜなら、意味が通る文章かどうかを判断するには、人と同じように文章の意味や文脈をきちんと理解できなければならないからです。少なくとも今の人工知能の技術では、文章の良し悪しを選定するときには人の力を借りなければなりません。

プロジェクトチームはこの技術を用いて、日本経済新聞社が主催する星新一賞への応募に挑戦しました。二〇一三年より始まった星新一賞は、理系的な発想に基づいたショートショート、および短篇小説を対象とした公募文学賞です。二〇一五年九月、プロジェクトチームはプログラムを使って生成されたテキストの出力結果に人間の手を一切加えず、第三回星新一賞に応募しました。「作家ですのよ」プロジェクトからの応募作品は、人工知能が小説を書くことに目覚める「コンピュータが小説を書く日」など二編でした。

実はこの第三回星新一賞には、東京大学の鳥海不二夫教授が率いる「人狼知能プロジェクト」というチームも、松原教授のアプローチとは違った形でコンピューターによる作品を応募していました。人狼とは、ランダムに決められた村人と村人に化けた人狼が自分の正体を隠して会話を繰り広げ、それぞれを欺いたり仲間同士協力したりしながら相手の正体を見破る(みやぶ)テーブルゲームです。

人狼ゲームでは、相手を欺いたり会話の矛盾を指摘したりと高度な推論能力と会話技術が求められ、複雑な状況と相手の能力に合わせた高度な対処能力が必要となります。ゲームの進行に応じて、村人が人狼に食い殺されたり、人狼が村人に処刑されたりといったことが起こります。会話によってゲームが進むので、みんなの推論が間違ったり欺きに意見が引っ張られたりすると、誤って村人が村人を処刑するといったドラマチックな展開が頻繁に起こってしまいます。

「人狼知能プロジェクト」は、このような複雑で流動的な状況下で人間に交じって人工知能にゲームをプレイさせることを目指して研究を行っています。この人狼知能プロジェクトでは人工知能に人狼ゲームを一万回ほどプレイさせ、ゲームの結果から特に展開が面白かったものを抜粋し、それに人が手を加えて文章を執筆するという方法で作品をつくりました（鳥海 & 大澤, 2016）。人狼ゲームを人工知能がプレイした結果がショートショートのあらすじとなり、そこから文章を作成する過程で人の力を借りたことになります。「作家ですのよ」プロジェクトではあらすじを人が考えて文章を人工知能が作成したので、ちょうど正反対のアプローチとなります。

星新一賞の選考では人工知能がつくった作品も人の作品と交じって審査され、入賞するには四次審査まで通らなければなりません。プロジェクトが始まったばかりということもあり、さすがに人工知能の作品は最終審査には残りませんでしたが、それぞれのプロジェクトの作品が人の作品に交じって一次審査を通過したということで大きな話題となりました。日本ＳＦ大賞の受賞作家である長谷敏司氏は、「きちんとした小説になっており驚いた。百点満点で六十点くらいの出来で、今後が楽しみ」というコメントを述べています（人工知能創作小説、一部が「星新一賞」1次審査通過, 2016）。

「作家ですのよ」プロジェクトは文章生成に人工知能を応用し、「人狼知能プロジェクト」はプロット生成に人工知能を応用して作品を生成しています。ということは、この二つのプロジェクトが協力すれば、ほぼ人工知能だけでつくった作品を生みだせるのではということになります。そこで、第四回星新一賞では二つのプロジェクトが協力し、人工知能のみによってつくられた作品を応募しました。しかし残念ながら、この作品は一次審査も通らないという結果になりました。人工知能がプレイした人狼ゲームの記録を淡々と説明するような文章だったことが原因のようです。「作家ですのよ」プロジェクトや「人狼知能プロジェクト」が一次審査を通ったのは、人がつくったプロットが良かったり、人が文章を執筆した部分が面白かったりしたからではないでしょうか。人工知能のみによってつくられた作品は、決められた手順やアルゴリズムに従って情報を処理して文章を生成したので、心理描写や人が驚く予想外の展開、最後の落ちなどといった小説を盛り上げる工夫が作品に盛り込まれなかったのです。まだまだ人工知能だけで小説創作のすべてを行い、さらに人が読んで面白いものをつくることは難しいのが現状です。

なお、この二つのプロジェクトが協力して人工知能のみで作品を創作するチャレンジの結果について松原教授は次のように述べています（100年後、小説家はいらなくなるか？――AIを使った小説生成プロジェクト「作家ですのよ」メンバーに聞く――P+D MAGAZINE, 2017）。

「二つのプロジェクトが組んで作品を出した、ということにはそれなりに意味があると思います。コンピューターの関与度は、前回と比べたら格段に上がったわけですから。一時的に読み物としての面白さは減りましたが、研究の途中としてはしょうがないです。今まで僕がやってきたゲームの研究は、勝ち負けという客観的な評価基準のあるものでした。けれど、小説の評価って主観的なものですよね。研究のゴールをどこに置いていいかわからない。だからこそ、星新一賞に応募することで、外からの評価を得ようとしているんです。星新一賞の他にも、短い小説の賞に応募してみようかとは考えています」

TEZUKA2020、ぱいどん

皆さんは、人工知能によって手塚治虫の新作を生成しようというプロジェクトTEZUKA2020（キオクシア＃世界新記憶01「TEZUKA 2020」，2020）をご存じでしょうか。これは、手塚治虫が生きていたらどのような漫画を書いただろうと想像し、生前に描かれた漫画をベースにして人間と人工知能が共同で新作漫画を創作するというプロジェクト（松原，2020）です。手塚治虫のご子息の手塚眞氏に、人工知能を用いて手塚治虫の新作がつくれないかと企業から依頼があったことがプロジェクトの発端になります。

漫画を創作するということは、登場人物や物語の設定、デザインを決めた上でストーリー、プロット、セリフ、コマ割りなどをつくり、最終的に絵として表現する必要があります。必ずしも現実世界にとらわれる必要はなく、主人公が空を飛ぶなど自由度の高い架空の話であってもストーリーとして面白ければ良いのです。今の人工知能の技術でも、文章や画像を生成したり自然言語処理によって文章の内容を解析したりと、部分的に漫画創作に使えそうなものはあります。しかし、漫画として完成したものを人工知能で生成するためには、それらを矛盾なく統合し、なおかつ人が読んで面白いと思えるようなストーリーを展開する必要があるため、今の技術では到底そのレベルに及びません。人工知能のみで面白い漫画を生成するということは、相当難易度の高い取り組みになります。

このプロジェクトには東京大学の松原仁教授、慶應義塾大学の栗原聡教授、はこだて未来大学の迎山和司教授といった人工知能研究者が参加しています。先にも述べたように、今の人工知能の技術で完成された漫画を生成することは難しいため、人工知能は人間が漫画をつくり上げる作業の部分的なアイデア創出のサポートとして使うのが現実的と考えられました。そこで人工知能の研究者・技術者からなる人工知能チームと、手塚プロのスタッフからなる人間創作チームの共同作業で進めることが決まりました。

役割分担は次のようになります。

㈠　人工知能チームは漫画創作における何らかの要素を出力して手塚プロの人間創作チームに見せる

㈡　人間創作チームは人工知能の出力から使えそうなものを選び、それをもとに（参考に）漫画を創作する

プロジェクトの目標は手塚治虫の新作をつくるということであり、中途半端なものをつくること

はできません。漫画の作品として完成度の高いものを目指す以上、現在取れる方針としては妥当なものだと考えます。人工知能チームは役割をさらにストーリー作成のヒント、およびキャラクター生成のヒントを生成することに絞り込み、それぞれ人工知能を開発することとしました。人工知能によって人間創作チームのお眼鏡に適うようなものが生成できるかは、まさにやってみないとわかりません。

では、実際にどのような手法でそれらに取り組んだのでしょうか。ストーリー作成においては、ストーリーの骨子となるプロットをつくり上げることが重要となります。プロジェクトでは、金子満氏が提唱した十三フェーズ理論（金子 & 長尾, 2008）をベースにプロットを生成することが採用されました（栗原 et al., 2020）。十三フェーズ理論では、ストーリーの展開を「日常」「事件」「決意」「苦境」「支援」「成長」「転機」「試練」「危機」「糸口」「対決」「排除」「満足」の十三のフェーズに分解し、それぞれにテーマや背景、登場人物などを割り当てることでドラマチックな構成の型としています。

人工知能をつくる際には、実際にお手本となる手塚漫画を十三フェーズに分解してデータ化し、新作に採用される各フェーズの元としました。いわばオリジナルの手塚漫画のストーリーが人工知能のお手本となるということです。データをつくるこの作業では漫画を読んでストーリーを理解し、分割することが求められました。これを人工知能により自動化できたら良いのですが、今の人工知能は残念ながらそのレベルになく、人の手に頼ってデータ化されています。

具体的にプロットを生成する際には、まずジャンルや世界観などのパラメーターを人工知能への入力として与えます。先に作成した各フェーズのデータからそれに見合うと思われるものが選択され、概念辞書などを利用して多様性をもたせた後にそれらを十三個並べるという手順でプロットの生成が進められます。このような方法で、物語設定は現代の日比谷、主人公は哲学者、役者の少年、テーマは古代ギリシャ、プロットは日比谷にいる記憶喪失の主人公が人助けを行うといった、実際に新作で採用されたものが生成されたのです。採用されたものの他にも多数の候補がつくられましたが、一茶くんの場合と同じく最終的にその中から良いものを選ぶということは人によって行われています。

次に登場人物のビジュアル、キャラクター生成が必要になります。ビジュアルは、漫画の雰囲気、登場人物の魅力に直結するため、単に手塚治虫の漫画に出てきそうというだけではだめで、ストーリーとの相性に加えて親しみやすさやカッコよさ、そして他の登場人物との差別性などが求められます。プロジェクトでは、敵対的生成ネットワーク（GAN）と呼ばれるディープラーニングの手法をベースにキャラクターを生成する仕組みが開発されました（栗原 & 川野, 2020）。敵対的生成ネットワークとは、ジェネレーター、ディスクリミネーターと呼ばれる二つのニューラルネットワークによって構成されています。ジェネレーターの役割は、お手本となる教師画像を利用してさもありそうな偽物を生成することです。ディスクリミネーターの役割は、対象となる画像が本物かジェネレーターが生成した偽物かを見破る、真贋判定を行うことです。この二つを競わせるように学習させることで、本物と見間違うような精巧な偽物の画像、つまり新しく創作された画像をつくることができるという算段です。

手塚治虫の漫画の登場人物の顔画像を切り出して教師画像とし、敵対的生成ネットワークに実写の人の写真データを加えるなどさまざまな工夫をすることで、新しい漫画の主人公、そして相棒のキャラクターのもととなるデザインを生成することに成功しました。実際に漫画にする際には人から見てより自然なデザインにする必要があり、またさまざまな角度や表情、バランスなどを考慮する必要もあります。そこで、人工知能がつくったデザインを参考に人間創作チームが実際に作画を行うことで進められました。

このようにしてでき上がった作品はどのようなものだったのでしょうか。この作品の前後編は漫画雑誌である「週刊モーニング」に掲載されました。プロジェクトを主催したキオクシア株式会社が公開しているTEZUKA2020のウェブページ（キオクシア #世界新記憶01「TEZUKA 2020」, 2020）に実際の作品全編が公開されています。ご興味がある方は、先に説明した人工知能の仕組みを想像しながらぜひ作品を読んでみてください。

私ももちろん『ぱいどん』を読みましたが、短編ながら物語のスケールは大きく、スピード感に溢れた内容の濃い作品に仕上がっていると感じました。また、登場人物の設定、キャラクターデザインも魅力的で思わず引き込まれるとても面白い作品なので、もし手塚治虫が現代に蘇ったら、近未来を舞台としてこのような作品を描いたとしてもおかしくはない、そう思わせる作品です。

さて、この作品の出来に手塚眞氏はどのような感想を持ったのでしょうか。人工知能学会誌に掲

GANが生成した『ぱいどん』の元となった画像（左），『ぱいどん』のデザイン完成版（右）

GANが生成した『アポロ』の元となった画像（左），主人公『アポロ』のデザイン完成版（右）

図4.7　ぱいどんに登場するキャラクターのデザイン。敵対的生成ネットワーク（GAN）と呼ばれるディープラーニングの手法を用いて人工知能で生成した画像（左側）をもとに人間創作チームが作画を行った（右側）。（出典：栗原聡、中島篤、国松敦（2020）．いかにして『ぱいどん』は生まれたのか?、人工知能、35(3)、410-417）

載された記事の中で創作活動に必要とされる才能について、次のように述べています（手塚，2020）。

「天才の所業とは、新しい価値ある発想と、量産できる力と、影響力である」

現在の創作における人工知能の利用は、教師データから導かれる「あり得そうな組み合わせ」を大量に生成するに特化しています。手塚氏は、「無限大の組み合わせをしていけば必ずいつかは天才的な発想に至る。しかし人工知能の行った作業を評価するのは誰か」という問いを投げかけています。では人工知能の技術が創作活動に及ぼす影響についてどのように考えているのでしょうか。

「人間の創作活動に人工知能は必要であろうか。答えは完全にイエスである」

図4.8 『ぱいどん〜AIで挑む手塚治虫の世界』(講談社刊)の表紙。手塚治虫の作品を学習した人工知能でストーリープロットや登場キャラクターのデザイン案を作成し、それをもとに人間創作チームが漫画を完成させた、「ぱいどん」の前後編が収録されているほか、人工知能と人間の共同作業の裏舞台が細かく紹介されている。

このように手塚氏は述べています。かつては一人の天才がいれば多くの人を楽しませる創作を行うことができました。しかし、量とスピードが求められる現代の創作活動において、人の活動には限界があります。実際のクリエイティブの現場で必要とされる圧倒的な創作パワーを支えるツールとして、人工知能の支援が有効なものとなる日もそう遠くないのではないでしょうか。

松原教授はこのプロジェクトの最終的な結果について、次のように語っています（松原, 2020）。

「『ぱいどん』に手塚治虫氏らしさが感じられるとすれば、そのほとんどは人工知能の結果を引き取って漫画を完成させた手塚眞氏と手塚プロのスタッフの貢献であり、人工知能の貢献は限定的である」

現在の人工知能がそれ単体で作品を創作することができないとしても、決して人工知能に価値がないわけではありません。むしろどんなに人工知能が進化したとしても、人のための創作活動である以上、人との接点、共同作業は欠かせないように思います。人工知能が自ら作品をつくり、自ら作品を評価して自己完結するようなことには意味はないのです。人にとって価値があるものをつくりだすことを創作だとすると、人工知能がどこまで高度化したとしても、人との関わりは必要不可欠なものに思えます。

人工知能と著作権

音楽でも絵画でも小説でも人工知能を用いて何らかの作品をつくる場合、大体のケースにおいて過去に人がつくった作品が教師データとして必要となります。人がつくった膨大なデータをディープラーニングの教師データとして、それらの作品の何らかの断片を組み合わせることでデータが出力されるのです。では、そのような人がつくった膨大な教師データを人工知能の開発に使うということは許されているのでしょうか。

一般的には著作権法上、著作物は著作権者に無断で利用、ダウンロードや改変等することはできないとされています。しかし、実は日本の今の著作権法には第三十条の四に世界的に見ても稀な条文があるため、人工知能を開発する目的であれば、一定限度で著作権者の許諾なく著作物を利用できるのです。

第三十条の四
著作物は、次に掲げる場合その他の当該著作物に表現された思想又は感情を自ら享受し又は他人に享受させることを目的としない場合には、その必要と認められる限度において、いずれの方法によるかを問わず、利用することができる。ただし、当該著作物の種類及び用途並びに当該利用の態様に照らし著作権者の利益を不当に害することとなる場合は、この限りでない。

この法律の要点を簡単にまとめると、第三者の生データを収集してデータベースの作成、教師データの作成、ディープラーニングや機械学習を一連の流れとして行ったり、学習済みのモデルを提供、販売したりするときに、生データの著作権者の許可は必要ないということになります。ただし、機械学習のためのデータとしてつくられたデータセットなどのデータベースの著作物については、適用されないという例外があるので注意が必要です。詳しくは経済産業省より「ＡＩ・データの利用に関する契約ガイドライン」（経済産業省，2019）が示されています。

それでは逆に、人工知能で生成した作品に著作権を主張することはできるのでしょうか。人工知能は短時間のうちに大量のデータを生成することができます。人工知能の生成物に著作権を認めると、人工知能で大量にデータを生成しておいて、似たものが別人により公開されたときに、後付で著作権を主張するという事態が懸念されます。日本の著作権法では、著作物は「思想又は感情を創作的に表現したものであつて、文芸、学術、美術又は音楽の範囲に属するものをいう。」と定義されています。人工知能に思想や感情を持たせることができるかどうかという議論はありますが、少なくとも現在の人工知能はただのコンピュータープログラムです。一般的には人のような思想や感情を持っているとは解釈されないので、人工知能が生成した作品は著作物ではない、という取り扱いになります。

つまり、日本では人工知能で生成した作品は著作権によって保護されないので、誰でも無断で利用できてしまうということです。試験的に作成したものや他人に利用されても困らないようなものはそれで構わないでしょうが、ビジネスなどで人工知能による生成物を使う場合、これでは困るケースもでてくると予想されます。この点において、日本政府の知的財産推進計画二〇一六（知的財産戦略本部, 2016）では、「フリーライド抑制の観点から、市場に提供されることで一定の価値を持つようになった人工知能コンテンツについては、新たに知的財産として保護が必要となる可能性があり、知財保護のあり方について具体的な検討が必要である。」と述べられており、将来的に商業的財産的な価値を持つようになった作品については財産として保護される可能性が示されています。

ここで、人工知能が生成した作品とその著作権について興味深い話を紹介したいと思います。著作権に詳しい、弁護士でプログラマー兼ミュージシャンでもあるダミアン・リールという人物が、アルゴリズムを用いて作成した六百八十億曲以上のメロディを「いかなる権利も保有せずにパブリックドメインにする」というCC0（Creative Commons 0）ライセンスで公開しました。リール氏は音楽の学士を持つ弁護士であるだけでなく、裁判官として十年間働いた経歴を持ち、ロースクールで著作権について講義も行ってきました。テクノロジー・法律・音楽という自分の経歴を融合させて「メロディを著作権によって保護する」というプロジェクトに取り掛かったのです。

賠償金やライセンス料を得ることを目的に、保有はしているが実施していない特許権を駆使して、その特許を侵害している疑いのある者に訴訟を起こす者をパテント・トロール（パテント・トロール—Wikipedia, 2020）と呼び、その被害を受ける企業や人が年々増加していると言われています。そこでリール氏は音楽の世界でのパテント・トロールの横行を防ぐために、「できる限りすべてのメロディをつくりだして著作権を取得する」ということを試みました。

六百八十億曲以上のメロディは、一オクターブで考えられるすべての八音・十二拍のメロディの組み合わせを総当り的に列挙していくアルゴリズムによって六日間かけて生成されました。そのアルゴリズムは一秒間に三十万パターンのメロディをつくりだすことができるそうです。CC0は「著作者人格権を含むすべての権利を放棄する」と宣言するライセンスですが、必ずしも宣言が有効とは限らず、最終的には国の法律によって権利放棄が認められるかどうかが判断されます。このため、リール氏の行動で直ちに六百八十億曲のCC0が認められるわけではありませんが、CC0ライセンスのメロディを示すことで訴訟を避けることができる可能性が示されたことになります。

実は私たちの一茶くんプロジェクトでもすでに一億句以上の新しい俳句をコンピューターで生成し、インターネット上（http://harmo-lab.jp/ai_issa_search）で作品を公開しています。作品生成にあたっては人が詠んだ俳句を教師データとして用いているため、断片的には人の真似をしているということにはなりますが、一茶くんが生成した俳句と教師データの類似性は慎重にチェックしています。人が見ても類似の句とは思えないぐらい文字の並びが離れているかどうかを教師データ全体に対してチェックし、十分に離れていると思われるものだけを公開しています。作品の出来は玉石混合ですが、これだけあると中には良い出来来の句も含まれています。コンピューターが生成したものなので「思想又は感情を創作的に表現したもの」とは言えず、著作物とは認められませんが、俳句の研究における何かの役に立てばという気持ちで公開しています。

第5章
俳句の人工知能的解釈

蕗の薹散らしてゐたる会釈かな
二〇一九年春　AI一茶くん

俳句とは

俳句は、原則として上五、中七、下五の十七音からなる有季定型の詩であり、世界一短い定型詩と言われています（俳句 ― Wikipedia, 2021; 俳句入門講座-1 ― 日本伝統俳句協会, 2017）。近世の俳諧を源流とし、明治時代の正岡子規が創作性と写生を重んじて俳句を成立させました。それまでは複数の作者が集まり、五七五と七七を交互に詠む形式の「連句」が主流であり、先頭の五七五の部分を指して発句と呼んでいました。子規は発句のみでつくられた作品を俳句と呼び、現在では江戸時代の松尾芭蕉などの作品もさかのぼって俳句と呼ばれています。季節を表す季語を一つ、感動・詠嘆を表す「や」「な」「けり」などの切れ字を一つ含むものが典型的です。俳句は日本で生まれた定型句であり、江戸時代から現代までたくさんの作品がつくられています。

季語と本意本情、共有知識

俳句と同じように五七五で表現される定型詩としては川柳も有名ですが、俳句作品のほとんどは川柳とは違って季節を表す季語を持つことを特徴としています。季語は、直接的な意味だけでなく、その言葉が持つ性質やあり方、様子などを踏まえた上で用いることが重要とされています。「野分（のわき）」という言葉を例にとってみましょう。言葉の意味としては、今でいう台風にあたる秋の暴風、野の草を吹き分ける程の風を指します（角川書店, 2019）。野分の後は草がなぎ倒されたり庭にものが飛び散ったりといった荒々しい光景となりますが、古来それもまた風情あるものと受け止められました。夜のうちに野分が去ったときなどは、朝の晴れ晴れとした気分が感じられるとされています。このように季語が本来持つ意味合いや、そこに結びつく心情を本意本情と呼びます。

季語は歳時記に収録されています。現代の歳時記には五千語を超える季語が収録され、本意本情が解説されています。互いに歳時記を参照することで詠み手と鑑賞者との間で季語の本意本情が共有され、短い言葉の中に込められたさまざまな心情を伝えることができるのです。そして、新たに生まれたさまざまな作品や解釈を受けて、歳時記に記載される季語やその意味も更新されていきます。十七音という短い言葉の中でさまざまな心情・風景を伝えるために、季語の本意本情は大きな役割を果たします。

俳句における季語の重要性について、人工知能研究の視点から考察してみたいと思います。通常コミュニケーションとは、何か伝えたいことを何らかの手段によって他人に伝えることを指します。言葉を介したコミュニケーションでは、伝えたいことを言葉に変換して他人に伝えます。明確に区別できる有限な言葉の組み合わせで表現するという意味では、俳句はデジタルな情報であると言えます。デジタルな情報というと、漠然とコンピューターが扱う情報と理解している人が多いと思いますが、デジタルとは飛び飛びの値しかない整数のような値によって表現される情報のことを意味します。したがって、文字で表現された内容もデジタルな情報であると言えるのです。

デジタルな情報の利点は、書き間違いなどをしない限り劣化することなくその内容を伝えていくことができることですが、有限の情報しか表現できず伝えられる内容が限定されるという欠点も併せ持ちます。デジタルに対して温度や速度、電圧や電流のように連続した量を取るものをアナログと呼びます。アナログな情報はデジタルな情報と比べて連続した量をそのままの形で表せる一方で、情報を伝達するときにノイズなどの影響が原因で値がずれてしまうという特徴を持ちます。

俳句をデジタルな情報として考えたとき、俳句を詠むということは情景や心に感じたアナログな情報を、デジタル情報である十七音の言葉の組み合わせに変換している操作であると言うことができます。この十七音を通して作者の思いが他者に伝わるということは、読者が十七音を読み取って自分の頭の中に他者の感じた情景や気持ちを再現し、自分の状況に重ねているといえるのではないでしょうか。

つまり、俳句を通したコミュニケーションが成立するためには、世界や自分に関するアナログな情報をデジタル情報に変換するエンコーダーと、デジタル情報から世界や他者に関するアナログな情報を復元するデコーダーを持つ必要があることになります。音楽の例でいうと、空気の振動からなるアナログなデータをデジタルに変換するエンコーダーによってデータを作成・保存し、デジタルなデータから最終的にスピーカーにより空気の振動に戻すデコーダーによって音楽が再現されることと同じようなことです。正確に情報を伝えるためには、エンコーダーとデコーダーの情報変換規則ができるだけ齟齬がないことが条件となります。

また、俳句では制約された十七音という言葉しか使えないことを考えると、正確さを保ちながらもできるだけ多くの情報を伝えることも、とても重要になってきます。使う言葉一つひとつの意味が多様性をもっていることに加えて、お互いに言葉の意味の多様性が共有されていることが重要となるのです。

つまり、俳句の詠み手、鑑賞者双方が多様な言葉の意味を知っていることはもちろんのこと、双方が互いに言葉の意味を知っていることを知っていることが重要です。人工知能の分野ではこのような「全員がそのことを知っていること」、「全員がそのことを知っていることを知っていること」、さらには「全員がそのことを知っていることを知っていることを知っていること」と無限に続く命題が成り立つとき、その事実は「共有知識」であると呼びます。

俳句において、歳時記で意味が解説されている季語を用いることを条件とすることにより、お互いが季語の本意本情を理解しているという共有知識が成り立ちます。これにより、正確で効率の良いコミュニケーションを成り立たせていると解釈することができると考えられます。このような理由から、わずか十七音で豊かな世界を表現する俳句には季語が必要なのではないでしょうか。

句会と結社

俳句は芸術であり、コミュニケーションの手段でもあります。ひとり孤独に俳句を詠むことや、詠んだ俳句を心のなかにしまっておくこともときにはあると思いますが、基本的には、自分の俳句を人と共有して伝えたいことを伝えたり、ほかの俳人が詠んだ俳句を鑑賞したりすることによって他人の感性や価値観を共有することが大事なのではないでしょうか。見たこと、感じたことを創意工夫して短い言葉で表現し、人に伝えることにその醍醐味があると言えます。

そのための母体として、俳句の世界では「俳句結社」というものがあります。俳句結社とは俳句雑誌である結社誌を発行する団体を指し、そこには「主宰」と呼ばれる俳句の指導者がいます。会員は結社誌に投句し、主宰が俳句を選ぶこと「選」をします。有名な結社誌は、一八九七年（明治三〇年）に正岡子規の友人である柳原極堂が創刊した「ほとゝぎす」（のちに「ホトトギス」に改称）（ホトトギス（雑誌）― Wikipedia, 2021）です。これは、夏目漱石が小説『吾輩は猫である』『坊っちゃん』を発表したことでも有名ですが、明治期には総合文芸誌として、大正・昭和初期には保守俳壇の最有力誌として隆盛を誇りました。

結社では、結社誌の発刊の他に句会を主催することもあります。句会では、参加者それぞれが詠んだ作品を持ち寄り、互いに鑑賞、批評しながら俳句を楽しんだり、俳句に対する知見を広げたりします。進め方にはさまざまな形式がありますが、誰が詠んだ俳句かといった余計な先入観や思い込みを持たないで純粋に俳句を鑑賞、批評するために、次のような手順を踏む工夫がなされています（句会 — Wikipedia, 2021）。

一　出句（しゅっく）
二　清記（せいき）
三　選句
四　被講（ひこう）
五　名明かし
六　講評

出句では、あらかじめ決められた数の句を小短冊に一句ずつ書いて、句会当日に提出します。句会では事前に俳句のお題が設定されていて、参加者は事前にお題に合わせた俳句をつくり持ち寄ります。特にお題が決められていなければ、通常そのときの季節の季語を詠み込みますが、このときに作者名は書かないでおきます。

次に清記では、集められた短冊を裏返したまま交ぜ合わせた上で配りなおし、配られた句を自分の清記用紙に写し直します。これは、手書きで作品を発表する際、筆跡がわかっては作品を鑑賞評価する前に誰の俳句かがわかってしまうためです。筆跡で作者が特定される可能性を減らすため、念には念を入れて他者の書いた俳句を転記して筆跡をわからないようにして書き写し、全員の俳句を見やすく一覧にするというのが一般的です。

選句では、目を通した俳句の中で良いと思った句を書き写し、俳句がいつの季節に詠まれたのか、俳句を詠む前に作者はどのような経験をしてどのような心情にあったのかといった文脈、そしてそのテクストの措辞がどれほど面白いかを踏まえつつ俳句を評価します。すべての俳句に目を通し終わったら書き写した句の中から規定の選句数まで絞り、特に優れたものを「特選」として選ぶこともあります。

選句のあと、被講として順番に「○○選」と選句者の名前を言ってから選んだ句を発表し、名乗りをしないまま相互批評を行います。句会によっては披講の際に読み上げられた句の作者がすぐ名乗りをあげる場合もあります。選句した俳句に対して作者は何を表現しようとしてその俳句を詠んだのか。その俳句が良い理由はなにか。言葉の使い方を少し変えてその俳句をより良くする余地はあるか、などを互いに議論しあいます。この議論を通して、俳句を読み取る技量を上げるだけでなく、結社参加者で知識や価値観を共有し、共有知識の幅を広げていくのです。もちろんどのような俳句が良いと思われるのかについて、必ずしも俳人全員が統一した見解を持っているわけではありません。その違いを知ることもまた、価値観の多様性を広げることになります。

その後、名明かしにて入選句、あるいは出句された全句についてそれぞれの作者が名乗りを上げます。指導者がいる場合には、相互批評とは別にこの時点で句会全体の傾向や秀句、選が入らなかった佳句についてコメントしたり、句の添削や選に漏れた句の問題点の指摘などの講評を行ったりします。句会を通して単に作品をつくるだけではなく、集まって互いに作品を批評しあい、学び合いながら成長していくことに俳句の面白さや楽しみがあるといえます。このように、俳句結社では定期的に句会を開催して互いの技量を高め、会員の作品を雑誌上で発表するといった活動を行っています。

このような俳句結社の活動や句会の様子を考えてみると、この中で人工知能が人に交じって対等にやり取りすることを目指すこの研究の最終ゴールのハードルがとても高いことがわかると思います。いきなりすべてに取り組むことは難しいですが、一つひとつ人工知能の技術を向上させ、出句、選句、披講、講評などの課題に段階的に取り組んでいくことによって、いつしかそのようなゴールに近づけるのではないかと考えています。

一物仕立ての俳句、取り合わせの俳句

いろいろと俳人の方にお話を伺っていく中で、俳句には「一物仕立ての俳句」と「取り合わせの俳句」という区別があることを知りました。一物仕立てとは内容を一つの物事、季語に集中させ、その状態や動作を詠んだ句です。言い換えると、句全体が季語と関連性をもって構成される俳句です。その季語の本質を突くような指向に結びつきやすい一方で、内容のバリエーションや意外性を

表現することが難しく、ただ状況を解説したような句、ありきたりな句、工夫の足りない句になりやすいとされているそうです。次のような句が一物仕立ての俳句になります。

びいと啼く尻声悲し夜の鹿　松尾芭蕉
大蛍ゆらりゆらりと通りけり　小林一茶

一方、取り合わせの俳句とは、一つの句の中で二つの物事を取り合わせることで相乗効果を発揮させ読者を感動に導く俳句です。言い換えると、季語を中心としたフレーズと、季語以外からなるフレーズから構成される俳句です。二つのフレーズに描かれる物事の取り合わせから生じる相乗効果のことを二物衝撃と言います。取り合わせの俳句は、一物仕立ての俳句と比べて初学者でもつくりやすいと言われています。

花の雲鐘は上野か浅草か　松尾芭蕉
梅がゝやどなたが来ても欠茶碗　小林一茶

芭蕉の句では内容的に関連しているわけではない「花の雲（桜の花が雲のように一面に咲いているさま）」と「鐘」のことが詠まれており、同じく一茶の句では「梅がゝ（梅が香、梅の香り）」と「欠茶碗」が並列に詠まれています。良い悪いは別にして、試しに次のように二つの句の上五を入れ替えたとしても俳句として成立しているように見えるのではないでしょうか。

花の雲どなたが来ても欠茶碗

取り合わせの俳句は、直接的には無関係な二つを並べることで内容にコントラストや奥行きが生じ、読み手の想像力を掻き立てる俳句になります。

一茶くんで生成した俳句を俳人の方々に見てもらった際、「一茶くんは取り合わせの俳句が得意ですね」というコメントを多くいただきました。一茶くんの仕組み上、現在の人工知能技術では俳句の文脈や内容を人のように解釈することはまだできません。先に説明したように、過去の俳句を学習データとして用いて統計的にありそうな言葉の繋がりを学習し、繋がりそうな言葉を確率的に選んで俳句を生成しているからです。そのため十七音で首尾一貫した一つの内容を表現することは難しく、サイコロのいたずらによって面白い組み合わせが生まれたときに高評価をいただく俳句となることが多いようです。

第6章
俳句を生成する人工知能、ＡＩ一茶くんの仕組み

初釜やひそかに灰の美しく
二〇二〇年新年　ＡＩ一茶くん

言語モデルによる文学作品の学習

一茶くんで俳句を生成する過程は、大きく二つに分けることができます。まず、俳句を構成する単語を一つひとつ選んで順に繋げ、俳句になりそうな単語の並びを生成します。次に、このように生成された単語の並びに対して、有季定型句の条件を満たしているか、意味を成しているかを推定し、条件を満たすものだけを選別します。こうしたことを行うために、一茶くんは言語モデルと呼ばれる人工知能技術を用いています。

言語モデルを使うと、日本語や英語といった特定の言語で書かれた文章に対して、単語の間の結び付きの強さを計算することができます。人が書いた日本語の文章を教師データとして、機械学習によって日本語についての言語モデルを獲得することができます。日本語の文章から一部の単語を消して空欄にしてしまい、その周りの文章から空欄に入っていた正しい単語を答えるように機械学習を行うのです。

別の言い方をすると、自然な日本語の文章をつくるためには、空欄をどのような言葉で埋めればよいのかという課題を解くことになります。空欄を正しく埋めるためには、日本語の文法を踏まえて空欄にどんな品詞の単語が入れられるかがわからなければなりません。また、空欄の前にどんな話題が書かれていたのか、その文脈を考慮しなければならないでしょう。このため、こうした課題を解くことのできる言語モデルは、日本語の文法規則を知ったうえで、空欄がどのような文脈で現れているのかを捉えることができているとも考えられます。

翻訳文や要約文を生成したり、質問文を踏まえて適切に回答をしたりするときに、言語モデルに含まれる文法規則や文脈を考慮する能力は大きく役立ちます。まず言語モデルを獲得し、その後で言語モデルを利用して本来の課題に応じて翻訳文の生成などを学習させると、言語モデルを通さずにいきなり本来の課題を学習するよりも、良い結果が得られることが知られています。

文章の翻訳を学習しようとすると、翻訳前後の文章ペアのデータを用意しなければなりませんが、こうしたデータを大量に集めることは簡単ではありません。しかし、言語モデルの学習では文章の一部をランダムに空欄にしてそれを埋めるということを行うので、人が書いた自然な文章のデータを集めるだけでよいのです。こうしたデータは翻訳前後の文章ペアよりも簡単に集めることができるので、言語モデルは大量のデータを使って学習することが容易と言えます。

ディープラーニングは使える教師データが増えるほど良い学習結果が得られる傾向にあります。たくさんの教師データを使える言語モデルは、文章中の単語の繋がりを正確に学習することが期待できます。一茶くんで俳句を生成したり、生成された俳句の意味が通るかということを評価したりするときにも、言語モデルを通して日本語の文章中の単語の繋がりを学習し、その結果を利用しています。

言語モデルの学習には、英語や日本語の文章全般といった大まかな括りで集めたデータを用いることが一般的です。形式の整った文章のデータを大量に集めることに重点が置かれ、インターネットに掲載されているニュースやWikipediaの記事の文章などが用いられます。しかし、こうしたところで使われる日本語文と俳句の間には大きな隔たりがあります。俳句は十七音のみで構成されるのに対して、このような文章は長さがさまざまに異なっていて、十七音ちょうどになることは稀です。文章の内容を見ても、俳句は作者の主観的な情景を伝えようとするものが多いことに対して、ニュース記事では客観的な立場で間違いのないように物事を説明するという違いがあります。

このため、一茶くんに用いる言語モデルでは、一般的な言語モデルとは異なり日本語の文学作品を教師データとしています。数が限られた俳句だけでは単語の関係性を十分に教えるだけのデータを揃えることができないため、小説や評論などの文学作品といった、情景描写が重視され俳句と共通点があると思われるデータをまず学習させます。次に、音数の制約や季語といった俳句に固有の特徴を学ばせるため、人間の詠んだ俳句のデータを追加で学習させ微調整を行います。

日本語の文学作品としては、青空文庫（青空文庫 Aozora Bunko, 2021）で公開されている作品のデータを利用しました。青空文庫は、著作権が消滅した作品や、作者が自由に読んでもらって構わないと宣言している作品などを公開しているサイトです。すべての作品が統一された形式でデータ化されているので、言語モデルに学習させるためのデータとして整理することが容易なのです。

人間の詠んだ俳句のデータとして、一茶くんの開発当初には小林一茶、正岡子規、高浜虚子、松尾芭蕉といった過去の著名な俳人の作品のみを使用しました（一茶研究会 一茶弐萬句データーベース作成プロジェクト, 2014; 松山市立子規記念博物館, 2021; 芭蕉俳句全集, 2013)。しかしこれだけでは、生成される俳句のつくりや単語の選び方が古くなってしまうことがわかってきました。言語モデルは、学習した俳句にある言葉やその並び方の特徴の通りにしか生成できません。このため、開発当初の一茶くんで生成した俳句には、小林一茶らの俳句に使われていた言葉がそのまま使われていました。

一方で、俳人の方々が詠む俳句は、先人の俳句を参考にしてはいるものの、新しい言葉を取り入れ、情景が上手く伝わるよう批評を通して洗練され続けてきました。こうした違いは言語モデルを用いて一茶くんで俳句を生成する、現在の方式の限界を示しているともいえます。

俳人の方々が発展させてきた俳句の特徴を取り入れるため、当時に取材を受けていた「超絶 凄ワザ!」の関係者の方々からも協力を得て、インターネット上で公開されている四十万句の現代俳句を言語モデルの学習データに追加しました。これらの俳句は現代の言葉遣いも多く含まれているため、生成された俳句は現代の俳人から見ても違和感のない言葉遣いになっています。

AI一茶くんの俳句生成の仕組み

俳句の中に現れる単語の繋がりを上手く言語モデルに学習させると、俳句の特徴に合わせた単語の並びを生成することができます。こうした文章生成モデルは、GPT (Alec et al., 2018; Brown et al.,

2020）やＬＳＴＭ（Hochreiter & Schmidhuber, 1997）を用いるものなど、一般的な文章を生成するものがこれまでに多く提案されてきました。一茶くんで俳句を生成するときには、まず、俳句を生成するよう学習した文章生成モデルを用いて、俳句らしい単語の並びをつくりだします。

文章生成モデルは、先頭から順番に単語を選んで並べていくことで文章を生成します。最初は何もないところから文章の先頭となる単語を決めなければいけません。当然ながら俳句はさまざまな単語から始めることができるので、ここに当てはまる単語を一つだけに特定することはできません。そこで候補となるすべての単語に対して、それが俳句の先頭に現れる確率を推定することを考えます。

例えば、「を」や「に」といった助詞が先頭に置かれることはまず考えられず、これに比べれば「古池」などの名詞が置かれる可能性は高いです。さらに、一般的な俳句が五音・七音・五音の形式であることを踏まえると、六音以上となる長い名詞は俳句の先頭に置かれる可能性は低いと考えた方が良いかもしれません。文章生成モデルでは、このようなことを俳句に含まれ得るすべての単語に対して考え、それぞれの単語が現れる確率を計算します。このとき、すべての単語についての確率を合計すると百パーセントになるように計算されます。ゼロパーセントであればその単語が先頭に置かれることはあり得ないということを、百パーセントであればその単語が必ず先頭に置かれることを意味します。

文章生成モデルを使って文章を生成するときは、推定された確率をもとにサイコロを振って、先頭に置かれる単語をまず一つ決めます。普通のサイコロはどの目も等しい確率で出るようにつくられていますが、ここで振るサイコロは文章生成モデルが計算した確率に従って、出やすい単語と出にくい単語に差がついています。もちろん本当にサイコロを振るのではなく、コンピューター上でそのような計算がなされるということです。文章生成モデルが先頭に来る確率が高いと推定した単語は選ばれやすく、確率が低い単語は選ばれにくいのです。

二番目以降に置かれる単語も、同じように文章生成モデルで現れる確率を計算し、それに応じたサイコロを振って決めていきます。俳句の先頭にある単語について計算したときと違い、その前にどのような単語があるか、何音目であるか、季語は既に現れたのかどうかなど、さまざまな条件によって確率は変わってきます。そのため、文章生成モデルはこれまで選ばれた単語の列をすべて受け取り、それに応じて次に単語が現れる確率を計算することになります。

俳句の最後となる単語が選択された後に、文章生成モデルは俳句を生成し終わったことを示す必要があります。先ほど、文章生成モデルは次に現れる単語の確率を、すべての俳句に含まれ得る単語に対して計算すると説明しましたが、厳密には、これに俳句の生成が終わったことを示す特殊な記号が一つ加わります。サイコロを振ってこの記号が選ばれた時点で、その前に生成されていた単語の列が、文章生成モデルがつくりだした一つの俳句として確定されます。

一茶くんではディープラーニングによる言語モデルを用いています。これまでに選ばれた単語の列をニューラルネットワークに入力すると、考え得るすべての単語についての出現確率が計算されるようにニューロン間の結合が構成されます。単語をニューラルネットワークへ入力するために、学習データの中に現れるすべての単語に一つひとつ番号を割り当てていきます。例えば、「蛙」は一番、「や」は二番、「古池」は三番、「飛び込む」は四番といったような感じです。「古池や蛙飛び込む…」という俳句は、「三、二、一、四、…」のような数値列として表現され、ニューラルネットワークの出力では、「蛙」にあたる一番の単語が現れる確率、「や」に当たる二番の単語が現れる確率……という確率をすべての単語について計算することになります。

例えば、先頭に選ばれた単語が「古池」だったとします。このときに、文書生成モデルは二番目に来る単語の確率を計算します。「古池」は四音の単語なので、俳句が五七五音からなることを考えると、例えば「なり」といったような二音以上の単語が次に来ることは考えにくいでしょう。このため、次に「なり」が続く確率は三パーセント、「かな」が続く確率は四パーセントなどというように低い確率が計算されるでしょう。さらに「水」や「音」「飛びこむ」のような単語が続くと、「古池水」「古池音」「古池飛びこむ」といった、俳句の音数を考えなくとも日本語としてあまり現れなさそうな言葉で始まることになってしまいます。このため「水」は二パーセント、「音」と「飛びこむ」は一パーセントというように、さらに低い確率が計算されることになります。「に」や「や」という単語が続くと、上の句が「古池に」や「古池や」となり、この部分だけを見ると俳句として成立しそうです。このため、「に」は二十パーセント、「や」は二十五パーセントなどと比較的高い値が計算されます。

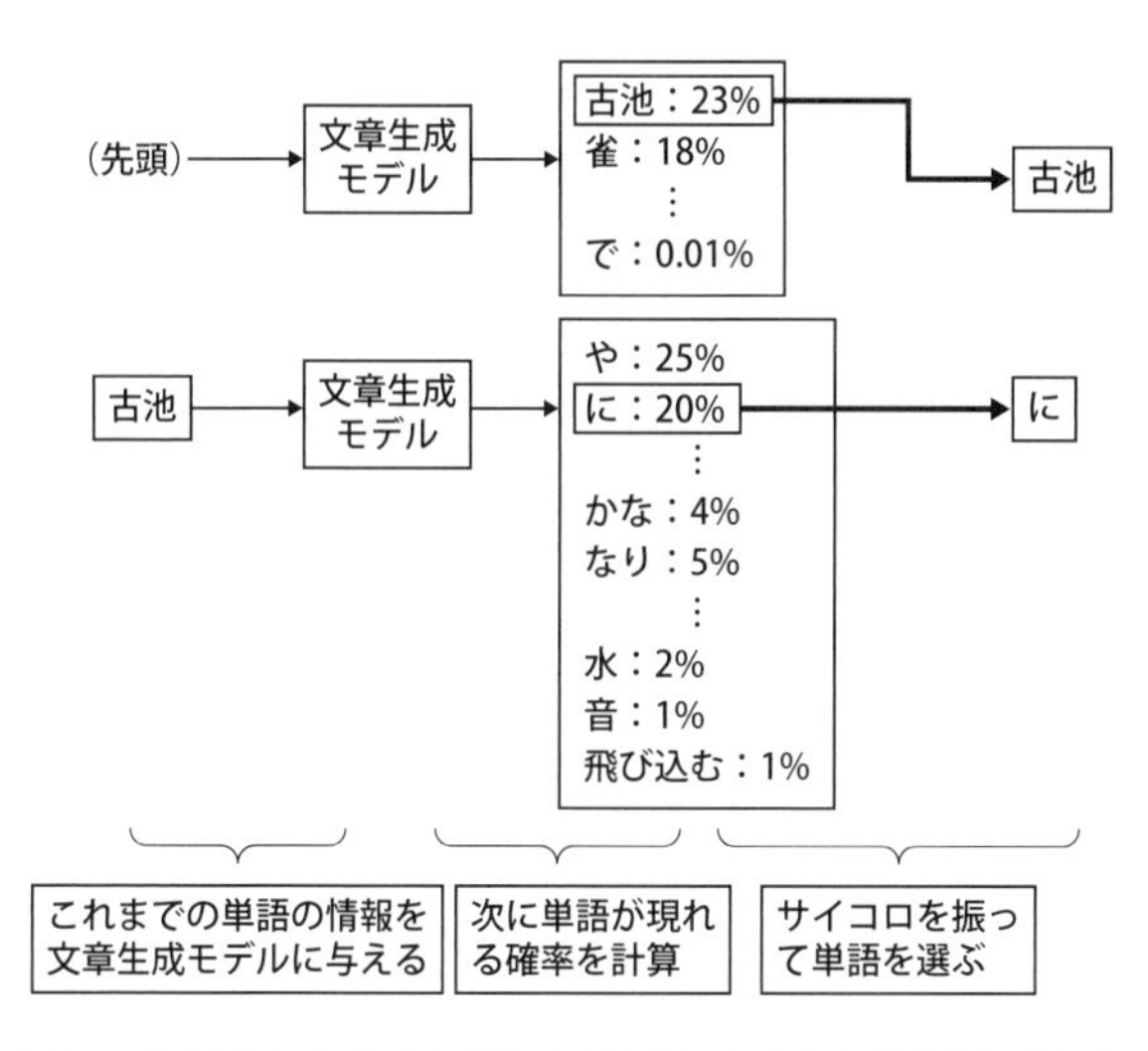

図6.1　文章生成モデルによる俳句生成の模式図。これまでの単語の情報から文章生成モデルは次に続く単語の確率を推定する。推定された確率に応じてサイコロを振って続く単語を決定し、これを繰り返すことで俳句が生成される。

このように、一茶くんで俳句を扱うときには、俳句に現れ得るすべての単語の一覧をあらかじめ用意して、一つひとつの単語に個別の番号を割り当てていきます。これは、俳句を構成する最小の要素を単語とみなし、単語を順番に並べた列で俳句を表現しているともいえます。

俳句を構成する最小の要素として、単語ではなく文字を単位として使うこともできます。この場合は、ひらがな・カタカナ・漢字の文字一つひとつに番号が与えられます。先に挙げた「古池や蛙飛び込む……」という俳句は、「び」が一番、「や」が二番、「池」が三番、「蛙」が四番、「飛」が五番、「古」が六番のように番号が割り振られ、「六、三、二、四、五、一、…」のように表現されることになります。

単語単位と文字単位のどちらを使って俳句

を表現すればよいのでしょうか。両方にそれぞれ利点と欠点があるため、簡単に決めることはできません。例えば「古池」と「古代」という単語はどちらも「古」という文字を含んでいますが、単語としては意味が異なります。文字を単位として俳句を表現する方法を採ると、「古」と「池」が連続して現れたときには二つがまとまって地形を表し、「古」と「代」が連続して現れたときには年代を表すというように、文字が合わさって単語となったときに初めて特定の意味を表すことを学習しなければいけません。それならば、はじめから単語を単位として、「古池」と「古代」に別々の番号を与えてそれぞれの単語の意味が異なることを明示し、それぞれが持つ意味を一茶くんで学習させた方が良いかもしれません。ですが、一茶くんで学習するための俳句データは限られていることにも注意が必要です。

「古代」という単語が俳句データの中にあまり現れなかったとすると、「古代」という単語と他の単語との間の繋がりを学習することが難しくなります。もし文字を単位として俳句を表現することにしていれば、こうしたときでも「古」という文字が一般的に昔のことを、「代」という文字が年代を指していることを学習し、この二つの文字が合わさった「古代」という単語が表す意味を類推することができるかもしれません。

このように、学習データの中に頻繁に出現する単語を考えると単語単位で俳句を表現した方が良く、逆に出現しにくい単語に関しては文字単位で俳句を表現した方が良いと思われます。この考え方を押し広げると、俳句の中でどんな単語や言い回しが頻繁に現れるかを調べておき、頻繁に現れるものはひとかたまりとして、稀にしか現れないものは文字の組み合わせとして表現するというハイブリッドな方法も考えられます。

例えば「古池」は頻繁に使われるが「古代」や「近代」は稀にしか出現しないというときは、「古池」という単語には一番という番号を割り当て、「古」「近」「代」にはそれぞれ二番、三番、四番を割り当てて、「古代」「近代」という単語は「二番、四番」「三番、四番」というように表現するという考え方です。さらに、もし「水の音」が他の俳句でも頻繁に使われる言い回しだとすれば、複数の単語で構成されていても、「水の音」という言い回しに対して五番という番号が割り当てられます。こうしたことを行うアルゴリズムの一つとして有名なものが、SentencePiece (Kudo & Richardson, 2018) です。

一茶くんで俳句を扱う際には、俳句を構成する最小要素として、単語・文字を用いる方法や、SentencePieceを用いる方法を比較して実際に使うものを決めています。本章の説明ではイメージをつかみやすくするために、俳句を単語の並びで扱う場合を例に説明していますが、文字の並びやSentencePieceによって割り当てられた番号の並びで扱う場合にも、同じ方法で俳句の生成が行われます。

ニューラルネットワークの構成として、初期の一茶くんではLSTMと呼ばれる構造を用いました。LSTMはこれまでに入力された単語を記憶するための、セルと呼ばれるニューロンを持ちます。先頭の単語が入力されると、その情報はいくつかのニューロンを通してセルへの刺激として与

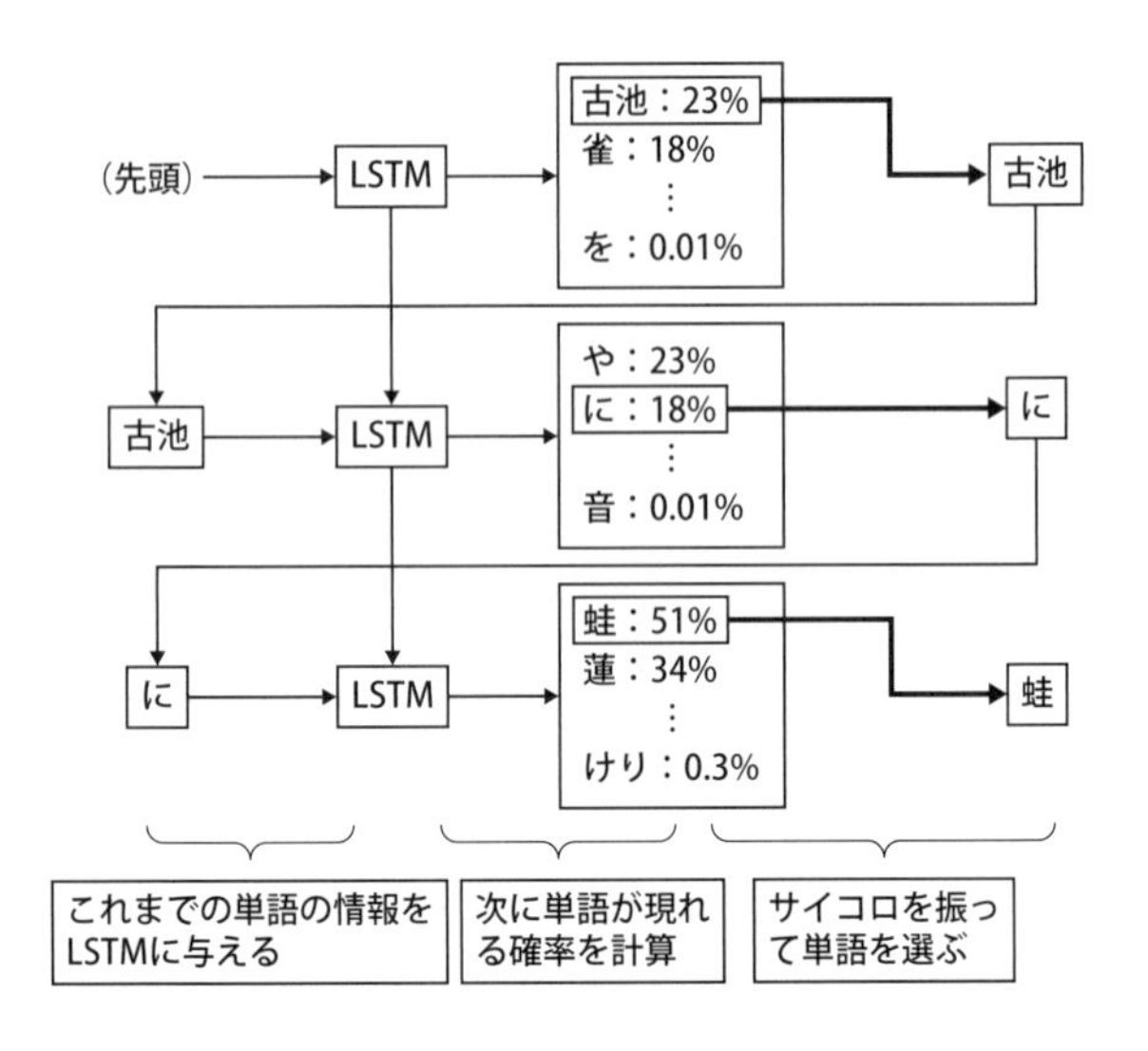

図6.2　LSTMによる俳句生成の模式図。LSTMは生成された単語の情報を先頭から一つずつ順番に受け取り、次に現れる単語の確率を計算する。これまでに与えられた単語の情報はLSTMのセルに蓄えられ、セルの情報を用いることでこれまでに出現したすべての単語の情報が参照される。

えられ、セルには受け取った情報が格納されます。次に二番目の単語が与えられたとき、先ほどと同様にその情報がニューロンを通してセルに与えられます。セルの中には先頭の単語から受け取った情報が既に格納されているので、その情報と新しく受け取った情報の両方を受け取ることになり、これら二つの情報に応じてセルの値が書き換えられます。

LSTMにはある条件が揃ったとき、セルに格納されている情報を消去する、つまりそれまでに受け取った単語の記憶を忘却する仕組みが組み込まれています。忘却がなかなか起きない場合は文章中で離れた位置にある単語を参照するための長期の記憶が、頻繁に忘却が起きる場合はすぐ近くの単語を参照するための短期の記憶がセルの中に格納されます。ＬＳＴＭは学習によって両方の記憶の仕方をとることができるため、短期長期記憶という名前が付けられています。

文章生成が可能な言語モデルとしてはＬＳＴＭが一般的でしたが、近年ＬＳＴＭとは異なる新しい構造が提案されています。特にOpenAIが提案するＧＰＴと、これを改良したＧＰＴ-２、ＧＰＴ-３は、第4章でも触れた通りこれまでにない自然な文章を生成できることが知られています。そこで、ＧＰＴ-２とＬＳＴＭの双方に文学作品のデータを学習して俳句を生成させ、その質を比較したところ、俳句を生成する場合もＧＰＴ-２の方がより意味の通る俳句を生成しやすいことがわかりました。このため一茶くんで用いる文章生成モデルも、ＧＰＴ-２モデルに切り替えることにしました。

ＬＳＴＭがこれまでに選ばれた単語を先頭から一つずつ順番に受け取って、内部の記憶を書き換えていくのに対して、ＧＰＴ-２はこれまでに選ばれた単語すべてを一度に受け取り、それをもとに次の単語の確率を計算します。例えば俳句を生成する途中で、先頭から四番目の単語までが既に選択され、次の五番目に現れる単語の確率を計算することを考えてみましょう。ＬＳＴＭでは先頭から三番目までに選ばれた単語の情報をもとに、四番目に現れる単語を計算したときの記憶が残っています。そのためこのときの記憶をもとに、サイコロを振って決められた四番目の単語の情報を加え、五番目に現れる単語の確率を計算します。

一方のＧＰＴ-２では、一番目から四番目までに選ばれた単語の情報を一度にすべて受け取り、こ

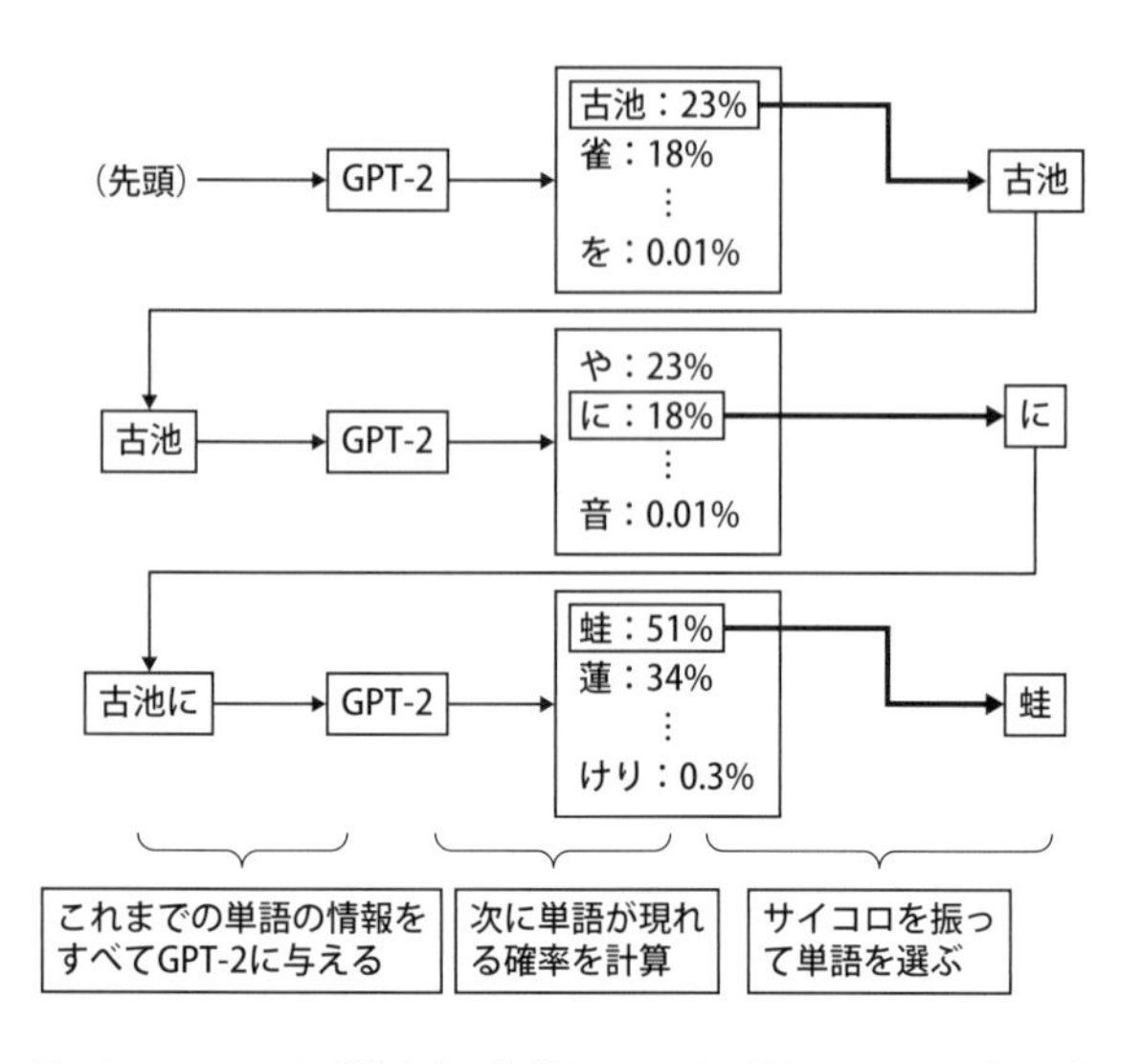

図6.3 GPT-2による俳句生成の模式図。LSTMとは異なり、これまでに現れた単語すべての情報をGPT-2が直接受け取り、その情報をもとに次に続く単語の確率を計算する。計算の回数が増える代わりに、単語の繋がりをより正確に学習することが期待される。

れをもとに五番目に現れる単語の確率が計算されます。LSTMと比べGPT-2はより多くの情報を手掛かりに計算することになるので、計算の回数が増えて俳句の生成や学習にかかる時間が増える一方で、単語の繋がりをより正確に学習して、より自然な俳句を生成することが期待できるのです。

文章生成モデルを学習させるときには、人が詠んだ俳句に現れる単語の繋がりを覚えこませることになります。例えば「古池や蛙飛びこむ水の音」という俳句に対して、初めの単語が「古池」であること、「古池」という単語の後には「や」という単語が続くこと、「古池や」の後には「蛙」が続くことなどを学習させていきます。しかしこの俳句一つだけを学習させてしまっては、これと全く同じ俳句を延々とつくることしかできません。俳句に特有の単語の並び方を覚えこませるために、一茶くんで使う文章生成モデルには二億文字以上の日本語の文学作品と、四十万句以上の俳句を学習させています。こうしたデータをディープラーニングにより、ＬＳＴＭやＧＰＴ－２といったモデルに学習させます。

一茶くんで俳句を生成する仕組みは、人間が俳句を詠む過程とは大きく異なっています。人間が俳句を詠むときには、何か伝えたい情景などがあり、その情景を限られた言葉の中でうまく伝えられるように選んでいくことが多いのではないでしょうか。一茶くんの言語生成モデルはサイコロを振って単語を選んでいくことを繰り返しており、俳句の中に現れる単語の繋がりを模倣することで、それらしい単語の並びが生成されているに過ぎません。一茶くんで俳句を生成する仕組みのなかには伝えたい情景にあたる情報は存在せず、俳句の題材はサイコロを振ったときにどのような単語が選ばれるのかによって決まるのです。

また一茶くんの文章生成モデルには、文学作品や俳句といった文章以外のデータは一切与えられていません。例えば、皆さんが「桜」という言葉を見たとき、ピンク色の桜の花びらや満開に咲いた桜、花が散っていく光景が想起されるかもしれません。ですが一茶くんは、こうした光景を映した画像を学習していません。あくまでも、文学作品や俳句の中で、「桜」という単語の前後には「ピンク」という単語があったことや、「咲く」や「散る」という単語とよく並んで現れていたことのような、単語と単語の間の関係性しか学んでいません。これを人間に例えると、自分では桜を全く見たことがない人が他の人から聞いた桜にまつわる話や、桜についてこれまでに詠まれた俳句の字面だけを頼りにして、桜についての俳句を詠もうとしているようなものだと言えます。

AI一茶くんの俳句評価の仕組み

一茶くんの文章生成モデルでつくる文章は、季語の含まれていないものや、十七音になっていないようなものが多く含まれます。文章生成モデルは人間の詠んだ俳句から完璧に学習できているとは言い難く、意味の通らない文章を生成することも多々あります。逆に、文章生成モデルが学習した俳句と全く同じものをそのまま生成してしまうこともあります。こうした不完全俳句をできる限りなくし、質の高い俳句だけを最終的につくりだすために、一茶くんでは生成された俳句を評価して条件に合わないものを取り除く処理を行っています。

まず、生成された俳句と教師データとして用いた俳句を一つずつ突き合わせ、教師データの俳句とあまりに似ているものを一茶くんの生成結果から除外します。一茶くんで生成した俳句が人の詠んだ俳句と完全に一致した場合はもちろん、助詞を一文字変えただけのような明らかに似ている俳句であった場合も除外の対象としたいところです。そこで、教師データとの間で編集距離を計算し、一定以下の距離の俳句は除外することにしています。編集距離とは、二つの文章を比べたときに文字の追加・削除・変更などを最低何回行うことで片方からもう片方の文章につくり替えることができるかの回数と定義されます。

次に有季定型句の条件に合わないもの、つまり、季語を含まない俳句や五音・七音・五音の並びになっていない俳句などを取り除きます。もちろん、人間が詠んだ俳句には有季定型句でなくとも優れた句とされているものは多くあります。人間がこうした俳句を詠むときには、俳句には有季定型句という型があることをきちんと踏まえたうえで、あえて型から外すという選択を取っていると思います。私たちは、まずは基本に忠実な有季定型句をしっかりと生成することを達成したのちに、型から外れた俳句の生成に挑戦したいと考えています。このため、現時点の一茶くんの実力では有季定型句のみを対象としています。

有季定型句であるかどうかを判定するためには、俳句を構成する言葉の音数や、俳句の中にある言葉が季語や切れ字かどうかを調べる必要があります。そのために一茶くんでは、第3章でも取り上げた形態素解析と呼ばれる技術を利用しています。国立国語研究所が日本語に現れるさまざまな言葉を分類した辞書（国立国語研究所 コーパス開発センター，2017）を公開しているので、これを用いて生成された俳句の言葉を分割していきます。分割された言葉の最小単位を国語学の用語で形態素と呼び、文章を自動的に形態素に分ける技術を形態素解析と言います。この辞書にはそれぞれの形態素に読み仮名が振られているので、そこから音数を数えることもできるのです。

もし生成された俳句の形態素の中に辞書の中にない未知の形態素があると判定されたときは、文

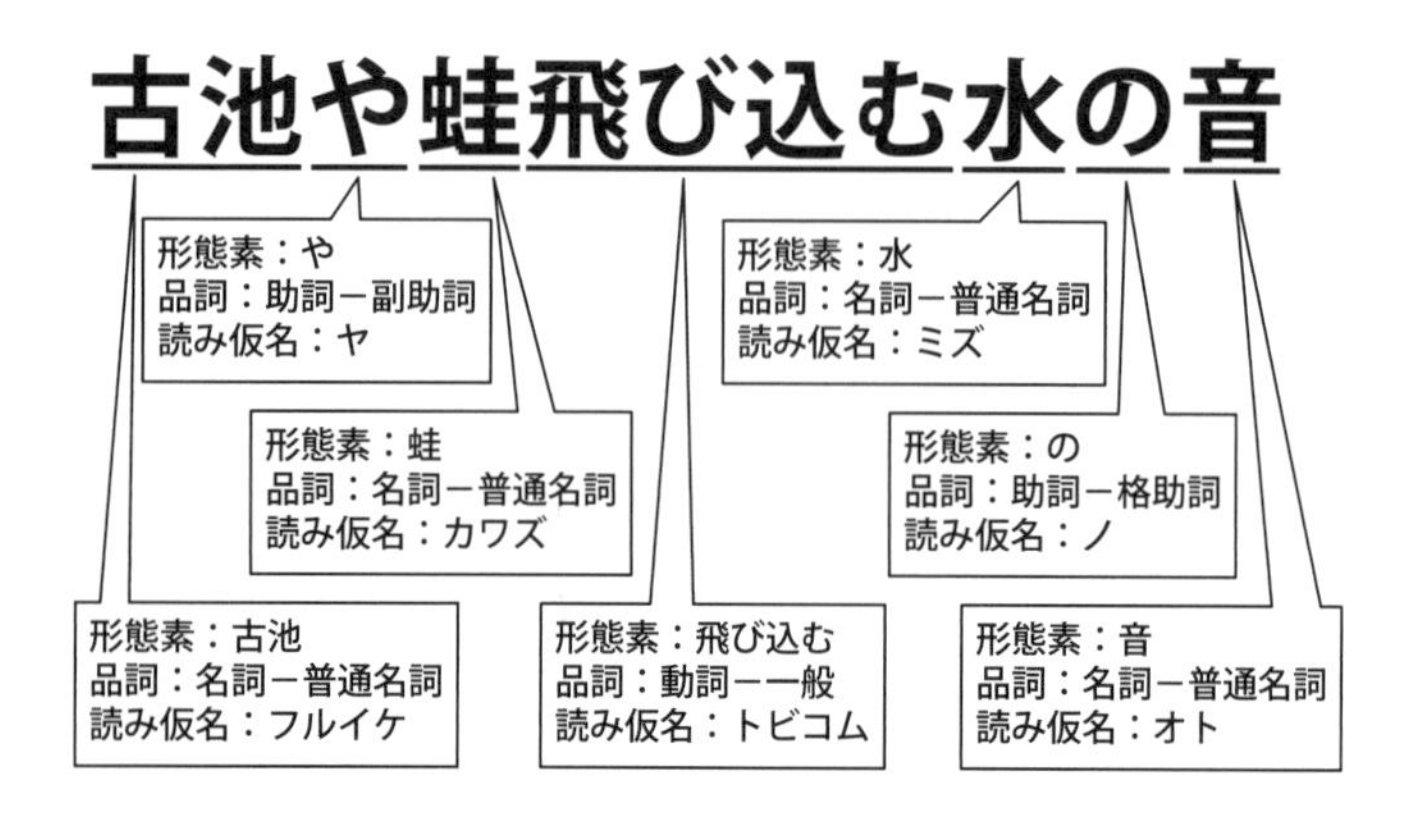

図6.4　(図3.4の再掲)形態素解析の例。日本語の文章がどこで分けられるのかをコンピューターで解析し、俳句などの文章を単語列に分解する。分割した単語の品詞や読み仮名などの情報も得られる。

章生成モデルが誤って本来の俳句にない言葉を生成してしまったと考え、その俳句を除外します。形態素解析の結果から、生成された俳句に含まれる形態素の音数が合計十七音になっていなかったり、五音・七音・五音の間にまたがる形態素が含まれていたりする場合も、同様にその俳句は取り除かれます。

一茶くんには俳句の中で用いられる季語や切れ字の辞書も事前に登録されており、この辞書と俳句の中の形態素を比較して、生成された俳句の中に含まれている季語や切れ字の数を数えます。季語が含まれていない俳句や二つ以上含まれている俳句、切れ字が二回以上現れる俳句などは、有季定型句の一般的な型から外れ、条件を満たさないのでこれも除外します。

さらに私たちは、一茶くんで生成された俳句が意味の通るものになっているかどうかを推定することにも挑戦しています。まず、俳句を生成するために利用した文章生成モデルを用います。文章生成モデルは先に説明した通り、これまでに選択された単語の後ろにそれぞれの単語が続く確率を推定して、それに応じたサイコロを振って並べる単語を決めています。

このとき、サイコロを振った結果として確率が低い単語がたまたま選ばれることもあれば、確率が高い単語の中から順当に選ばれることもあります。文章生成モデルがあまり続かなさそうだと判断した単語が、たまたま選ばれることが続いていた場合には、つくられた俳句は意味の通らないものになっている可能性が高くなります。このような考えに従うと、文章生成モデルを使って生成された俳句全体を通して単語の並びが現れる確率を推定し、現れる確率が高いものほど意味の通る俳句の可能性が高いと判断できます。

このほかに、意味の通る俳句と意味の通らない俳句の例を用意して、言語モデルを使ってその違いを学習させるという方法も考えられます。このとき、意味の通る俳句の例としては、これまでに人が詠んだ俳句のデータ、つまり、俳句を生成する手本として学習したものと同じデータを使うことができますが、意味の通らない俳句の例を集めることは簡単ではありません。著名な作品としてこれまで伝えられてきた俳句や、作者自らが句集に載せて公開した俳句のほとんどは、意味の通る俳句だと考えられます。中には意味の通らないことを売りにした俳句も存在しますが、こうした俳句はデータ全体から見るとごく少ないものと考えて無視しています。

そこで、これらを乗り越える工夫をします。一茶くんに学習させるとき、意味の通る俳句としては人が詠んだ俳句のデータをそのまま使い、意味の通らない俳句については俳句や文学作品のデータに手を加えることで人工的につくりだすという方法をとりました。

俳句のデータを加工して意味の通らない俳句をつくりだす方法の一つとして、人が詠んだ意味の通る俳句から、単語のペアを適当に選んで交換するという方法を試しました。例えば「古池や蛙飛び込む水の音」という俳句のなかで、「水」と「音」という単語はどちらも二音です。そのため、この二つを交換して「古池や蛙飛び込む音の水」という俳句をつくっても、五音・七音・五音という定型句の条件は満たされることになります。しかし、二つの言葉を交換してしまった後者の俳句はその意味が通りにくいものとなっています。このような操作を加えることで、いろいろな意味の通らない俳句の例をつくることができます。先述の言語モデルを用いてこの差を学習させ、一茶くんで生成した俳句に対して「言葉が交換された俳句である確率」を推定させました。この確率が低い俳句ほど、一茶くんは意味の通る俳句であると判定します。

意味の通らない俳句をつくるもう一つの方法として、言語モデルの学習に用いた青空文庫のデータを利用することもできます。青空文庫に収蔵されている図書の文章から、有季定型句の条件を満たす一節を取り出し、意味の通らない俳句の例とするのです。例えばアルジャナン・ブラックウッド作・森郁夫訳の『秘密礼拝式』（ブラックウッド＆森, 1961）という図書の中には「鎧戸をおろした窓、聳えたつ瓦ぶきの屋根、猛禽の爪のように四角（すみ）からそそり立つ黒い尖った避雷針のある、傲然たるこの姿が。」という文章があります。この中にある「そそり立つ黒い尖った避雷針」という一節は、五音・七音・五音で構成され、「避雷針」という単語の中に「雷」という季語になり得る文字が含まれるので、有季定型句の形式的な条件は満たしているといえます。しかし当然ながら、この一節は俳句として詠まれていないので、十七文字の中で作者の情景を伝えるべく言葉を選んでつくられた俳句とは異なる性質を持つだろうと予想されます。こうした文章を俳句としては意味の通らない例と考え、人が詠んだ俳句との差を学習させました。

このように、意味の通る俳句とそうでない俳句を学習させるにはいくつかの方法が考えられますが、それぞれどのくらい上手く見分けられるように学習できるのでしょうか。これを比較するためには、人が良い俳句だと考えて選んだ俳句と、それぞれの学習を行ったモデルによる俳句評価を比べれば良いのです。

第7章で詳細を説明しますが、二〇一九年六月に開催された「恋の選句王大会」というイベントでは、一茶くんで生成した俳句を俳人に配り、その中から良い俳句を選んで対決するという企画を行いました。このときに一茶くんで生成した俳句の中から、俳人はどのような俳句を良い俳句だと思って選び、どのような俳句を選ばなかったのかが記録されています。このデータとそれぞれのモデルが俳句として意味が通ると推定した順番とを比較することで、どの程度人間に近い評価ができているのかを測ることができます。

このような方法で俳句評価の方法を比較すると、この中では前者の文章生成モデルによる、単語の並びが現れる確率を用いる推定が、より人の判断に近かったことがわかりました。では具体的には、どのような評価を行っていたのでしょうか。一茶くんで生成した「北」という言葉を含む俳句の中で、文章生成モデルが現れる確率が高く意味が通りそうだと推定した評価値上位の俳句、出現確率が低く意味が通らないだろうと推定した評価値下位の俳句の例を次に示します。

◉評価値上位十五句

北の窓開け放ちたる大暑かな
秋風や北へ傾く橋の上
渡り鳥北に向ひて歩きけり
花筏北へ流れてゆきにけり
火の山の北を塞げる雲の峯
殉教の島より北へ鰯雲
春潮の北に傾く渚かな
一山の北を塞げる霞かな
火の山の北を塞げる夏野かな
北の窓開け放ちたる枯野かな
北の窓開け放ちたる鰯雲

◉評価値下位十五句

茶北から船でスキーや翅も切れ
巣墾きのガウンが生きる北が拒否
其角忌や是罪祇ぶりな北淡海
柿の種さちよ死の御手北鉾
炭掬りのピザ棟の北日を囃す
つばくらや壱岐いぬ二野に北の垂れ
兄表忌足袋母北にはれる指
潟北は二月差をはる地を明かる
一北に湯は余托なお年暮るる
北ささや寒夜止みたるチチすほし
里丸駄馬淵かくすや北は秋

菜の花や西も東も北の海
大空の北に傾く雲雀かな
夏の雲北へ流れてゆきにけり
北空に色なき風の吹きにけり

北終に色鳥みたるさだめにて
北見せよ蚋えど粉打つ匂ひ蓋
李欄干合歓は北矢の痕づける
巣の暗の北檜物たる臼出しに

文章生成モデルが良さそうだと判断した俳句が必ずしも意味が通るわけではありませんが、悪そうだと判断した俳句には明らかに意味の通らない俳句が多く、こうした評価はある程度機能していると言えるのではないかと思います。現在の一茶くんはこのような人工知能技術を応用して俳句を生成し、また生成した俳句を評価して出力することができます。まだまだ人と同じように良い俳句を選ぶということには程遠く、研究しなければならない課題はたくさんありますが、少しずつ良い俳句を自動的に選句するための工夫を重ねているところです。

お題に合わせた俳句の生成

第7章で紹介する俳人と一茶くんとの対決では、画像やキーワードなどの形でお題が与えられ、そのお題に合わせた俳句を生成してその出来を競うことが多くありました。そのためには、これまで述べてきたような、教師データとして与えた俳句全般の特徴を捉えた俳句を生成するやり方だけでは不十分です。そこでたくさんの俳句をあらかじめ生成しておき、その中からお題に合うものを一茶くんで選ぶ方法をとってきました。

これまでお題として与えられてきたのは、「恋に関する俳句」というような抽象的な言葉に関連する俳句や、水田にいるカエルのような、何か具体的なものが写っている写真画像からの俳句というものでした。一茶くんで生成した俳句の中から特定の単語を含む俳句を検索するだけであれば、それはさして難しくはありません。しかし恋を詠んだ俳句の中に必ず特定の語、例えば「恋」という言葉が含まれているわけではありません。「二人」や「逢瀬」といった恋から連想されるような言葉を含む俳句もあれば、味噌汁を用意して家で待っている情景を詠むことで、パートナーの帰りを待っている状況を比喩的に伝えようとする俳句も考えられます。画像をお題とする場合は、何が写っているかを特定してそれに合わせた俳句を選ばなければなりません。もちろんこの場合も、画像に写ったものをそのまま言葉として織り込むだけでなく、そこから連想される情景の俳句を選ぶ方法も考えなければいけません。

ある言葉から連想される言葉を並べる方法として、類語辞典のような辞書を使う方法が考えられます。一茶くんでも、国立国語研究所が公開している分類語彙表増補改訂版データベース（国立国語研究所, 2018）を使って類語を探しています。そのほかにもコンピューター上で現実世界のさまざまな概念を表現する方法として、アメリカのプリンストン大学が中心となってWordNet（Princeton University, 2021）というデータベースが整備されています。WordNetのなかには、〝cherry〟（桜）が〝fruit tree〟（果樹）の一種であるというような、さまざまな概念の関係性が記載されています。もともとのWordNetは英語で記述されていますが、これを日本語化したもの（Francis, 2012）を南洋理工大学計算機言語学研究室と国立研究開発法人情報通信研究機構が公開しており、一茶くんでの連想語の検索に利用しています。

こうしたデータベースによって俳句で使われる多種多様な言葉をすべて網羅することは難しいので、一茶くんでは単語の分散表現と呼ばれる技術を連想語の検索に利用しています。分散表現とは、文書の中に現れる「桜」や「カエル」などといった言葉を、（0.3, 1.2, -1.3, …, 0.3）のような数字の組によって表したものです。ディープラーニングを用いて分散表現を上手く学習すると、「カエル」と「蛙」のような似た意味の言葉には近い数字が割り当てられます。一茶くんでは、分散表現を学習する方法としてWord2Vec（Mikolov et al., 2013）と呼ばれるアルゴリズムを使い、与えられた言葉の分散表現と距離の近い分散表現を持つ単語を計算して、上位いくつかの言葉を連想語として用います。

画像からそこに映るものを推定して俳句を選び出す方法としては、これまで二通りの方法を用いてきました。一つは、画像と俳句の相性がどれだけ良いかをディープラーニングで学習して、その結果を使う方法になります。画像と一緒に俳句を人工知能に与えて学習することで、画像と俳句がマッチしている度合いをゼロから百パーセントの間で推定させます。このためには、画像とその画像に合った俳句のペアのデータを人間が判断して大量に準備する必要があります。人が良いと判断した画像と俳句のペアと、ただランダムに選んで無作為につくられた画像と俳句のペアを見分けるように学習を行います。十分な画像と俳句のペアが集まればこの方法で問題ないように思われますが、実際に使ってみるとこうしたペアのデータを大量につくることは難しく、思ったほどうまく機能しませんでした。

もう一つは、画像認識の技術を応用し、画像から得られた名詞をキーとして俳句を検索する方法です。画像認識は俳句以外でもさまざまな場面でも使われるので、こうした問題を学習するための教師データは既に揃っています。認識された名詞だけではなく、その名詞から連想される言葉を含めて検索するときは、先ほど説明した類語辞典や分散表現などによる方法を使います。この方法の欠点を挙げるとすると、画像認識の結果に頼って検索するので、夕日が山に沈む情景や水面に月が映る情景などを比喩的に表現したものなど抽象度の高い俳句を選ぶことが難しいことです。

次ページの写真画像を例として、実際に一茶くんによって選ばれた俳句を見てみましょう。この画像には、「空」「青空」や「窓」「塔」などが写っていると画像認識されました。また、「空」の類

図6.5　「1億人の大質問!?笑ってコラえて!」で披露した俳句を一茶くんで生成する際に使用したお題の画像。人が映っていない晴れた昼間の銀座の三越前交差点が写されている。

似語として「天」や「宙」などをもキーとして含む俳句が選ばれています。確かにこの画像に写っているものの名詞としては合っているのですが、「初蝶」や「菜の花」など、写真からはなかなか連想されない単語を含んだ俳句も選ばれてしまっていることがわかります。

◉画像をもとに選ばれた俳句十五句

初蝶の宙に消えゆく虚空かな
天窓に日の当りゐる啄木忌
菜の花や天より低き塔の影
竜天に登る女の機嫌かな
紺碧の空の深さや藤の花
立ちあがる空の碧さや鳥帰る
淡雪や天井高き二階窓
天窓に日のさしてゐる呼子鳥
初午や天井高き窓の内

天空を仰ぎて二月礼者かな
男来て天を仰げる桜かな
天上に白き空あり春の月
天国の空を見てゐる春日傘
観音の天を仰げる春の空
天井に女来てゐる春炬燵

実は、この写真は日本テレビの「1億人の大質問!?笑ってコラえて!」で俳句を披露するときのお題となった画像です。この十五句のなかには良い俳句が見つからなかったので、さらにたくさんの俳句の中から番組で披露する俳句を選びました。テレビ番組で実際に披露された俳句や、その俳句に対する評価は次の第7章をご覧ください。

このように、お題にちょうど当てはまる俳句を一茶くんによって一句だけ選ぶということはまだまだ難しい課題です。現在はお題に関係がありそうだと一茶くんで判定したものから、上位数百句ほどを俳句の知識を持った人が見て、ようやく納得できるものが見つかる程度の精度です。人が自然に行っているように、俳句に描かれている情景を一茶くんに認識させるのはこれからの課題です。

第7章
AI一茶くんの活動

宙吊りの東京の空春の暮

二〇二〇年春　AI一茶くん

AI一茶くんの成長

本章では、一茶くんで生成した俳句によるこれまでの対決や、さまざまな交流を行ってきた経緯を紹介します。俳句の対決を通して、多くの俳人に一茶くんの優れているところや弱点、作品の良し悪しなどを評価してもらってきました。これは、人工知能の研究者だけでは俳句作品そのものに対する理解やレベル感、また人と人工知能との違いなどについて議論を深めていくことが難しいためです。俳句による人工知能研究の良いところは、人工知能の専門外の方々に積極的に作品を見てもらい議論を深められることや、お互いにアイデアが触発されるところです。これまで私たちは積極的に機会を見つけて俳人の方々との交流を図ってきました。この章を読んでいただくと、対決のたびに新たな機能が追加されて、より良い俳句を生成、選択する機能が充実していった一茶くんの成長の様子がわかると思います。また、一茶くんで生成した初俳句集や海外での展示も紹介します。

「超絶 凄ワザ！」（二〇一八年一月）

第1章で紹介した対決までの経緯を経て、二〇一八年一月、いよいよ一茶くんの対決デビュー戦です。まず対決のルールですが、お題は四季折々の写真になりました。俳句は事前に提出し、作者を伏せて審査委員の先生方に審査してもらう三本勝負になります。日本伝統俳句協会の坊城俊樹先生、現代俳句協会青年部部長の神野紗希先生、そして俳句甲子園全国大会審査委員長の関悦史先生という名だたる俳人の方々が審査員を務めました。そして、一茶くんの対戦相手は若手最強俳人と言われている大塚凱さん、総勢二十五人の俳人チーム松山ドリームチームの皆さん、スタジオゲストでした。

今回の対決における一茶くんによる俳句生成では、小林一茶、正岡子規、高浜虚子が詠んだ五万句を教師データとして、第6章で説明したLSTMを用いた文章生成モデルで俳句を生成しました。生成した俳句群から、季語を含まない俳句、切れ字を複数含む俳句、五音・七音・五音の並びになっていない俳句、教師データと類似している俳句を除外します。さらに、画像とそれに合った俳句三十六万ペアを学習してつくった機能を用い、お題となる画像とマッチしている度合いが高いと判定された俳句を高い順に並べられたリストを生成しました。

今回の対決では、お題の画像にマッチすると判断されたリストの約三万句から、最終的に人が勝

図7.1　「超絶 凄ワザ!」の一番目の対決のお題となった紅葉の画像（写真提供:イメージナビ）

負の俳句を選び出しました。この対決は人工知能技術で生成された俳句を俳人の詠んだ俳句と比較した場合に、どの程度の質の高さを示すことができるのかを検証する貴重な好機と私たちは捉えました。

最初の対決は「紅葉」の写真画像がお題です。このお題をもとに一茶くんで生成した俳句と大塚凱さんが詠んだ俳句が次になります。

旅人の国も知らざる紅葉哉　AI一茶くん
ひざらしや紅葉かつ散り水に傷　大塚凱

この俳句が紹介されるとすぐに、坊城先生には一茶くんの句がどちらなのか見破られてしまいました。それは人工知能による俳句の方がいかにも俳句らしいからのようです。切れ字の「哉」に季語が合わされていることが予定調和的と指摘され、そう言われて大塚凱さんの句を読むと、季語ではない「ひざらし」に切れ字の「や」が

図7.2　「超絶 凄ワザ!」の二番目の対決のお題となった花火の画像（写真提供:杉本英男/イメージナビ）

ついています。一茶くんの俳句は過去のデータがもとになっているためかまじめな感じがするので、殻を破った驚ける俳句を見てみたいと神野先生にコメントをいただきました。審査員票ゼロ対三で大塚さんの勝利という結果に終わりました。

二句目は「花火」の写真画像がお題です。このお題をもとに一茶くんで生成した俳句と松山ドリームチームの俳句が次になります。

花火師や夜の刻刻の勢を見て
AI一茶くん

深海へ降るらし冬の花火とは
三瀬明子さん@松山ドリームチーム

この一茶くんの俳句は、プロジェクトに参加する株式会社テクノフェイスが開発した別のアルゴリズムで生成したものです。写真から被写体のキーワードを抽出して、そこから関連する言葉を連想させ、イメージを膨らませ

図7.3　「超絶 凄ワザ!」の三番目の対決のお題となった蛙の画像（写真提供:菅原隆／イメージナビ）

るというものです。それらのイメージを組み合わせてより豊かな発想から俳句を生成しようとしました。また、花火そのままの単語を使うのではなく、花火師をもってきたところもなかなか良いのではと思いましたが、これが裏目に出てしまうという結果になってしまいました。

夜の花火に対して、夜に付随する情報をどのように表現するかがポイントになり、人類の方が深海と表現したところが一歩先にいっているという評価でした。さらに、「人工知能の育て方を間違えましたね」という関先生の辛口コメントがありました。あるものからすぐに連想できる言葉で俳句をつくってしまうと常識的な陳腐な句になってしまう、もう一個先まで連想を飛ばすとちょうど良くなるという意見をいただきました。連想できる言葉についてはインターネットを活用していますが、まだやらなくてはいけないことがたくさんありそうです。判定はまたしてもゼロ対三で人類チームの勝利となりました。

最後のお題は「蛙」の写真画像です。このお題をもとに一茶くんで生成した俳句とスタジオゲストが詠んだ俳句が次になります。

又一つ風を尋ねてなく蛙　AI一茶くん
酒呑みの相槌溶けて昼蛙　スタジオゲスト

二つの句が紹介されると、審査員の先生方からこれは判定が割れるとの声があがり、どちらが一茶くんかわからないとの意見がでました。実際、関先生はスタジオゲストの俳句を一茶くんの俳句ではないかと予想していました。一方、神野先生からは一茶くんの句には引っかかりがなく、言葉が次の言葉を呼んでくるようにするすると紐を引っ張ってくるように繋がっているというコメントをいただきました。また、坊城先生からは句としてはきれいと、ここで初めてお褒めの言葉をいただくことができました。全員一致で一茶くんの句の方が完成度が高い、清らかで澄んでいる句と驚いていただきました。残念ながら結果的にはこちらも票数は一対二と負けてはしまいましたが、最後の句で少し手ごたえを感じることができました。

今回の対決の結果から、一茶くんで生成した俳句は人間が詠んだ俳句に全く歯が立たなかったというわけではありませんが、このままでは勝てないこともわかりました。改善点としては、次の二点が挙げられます。

まず、学習データの見直しです。この時点の一茶くんで利用した教師データは小林一茶や正岡子規、高浜虚子の句であったため、全体として、古臭い印象を与えてしまうということがありました。例えば、対決の一句目で一茶くんの俳句として提示した「旅人の国も知らざる紅葉哉」では、切れ字の「かな」として漢字表記の「哉」が使われています。この「哉」は現代俳句ではほとんど使われていません。機械学習でより良い結果を得るためには、教師データの選定は重要です。そのため、これまで集めた古典俳句や近代俳句だけではなく、読み手のニーズがあれば現代俳句も利用する必要があることがわかりました。

次に、選句のプロセスの見直しです。俳句の生成にはＬＳＴＭを用いて自動生成を実現しましたが、画像と俳句がマッチしている度合いを出力する機能を利用したものの、最終的には約三万句から人が手作業で選句を行いました。これでは、人と人工知能が対等な勝負をしているとは言えない状況です。今後は一茶くんで良い句を出力する生成過程だけでなく、良い句を選ぶという選句過程にも注力する必要があることがわかりました。

しりとり対決　（二〇一八年七月）

「超絶凄ワザ！」の対決を終えたあとの二〇一八年二月末、松山ドリームチームの中心メンバーであった三瀬明子さん、キム・チャンヒさんから再度俳句対決をしないかという打診をいただきました。一茶くんの可能性と、エンタメとしてコラボレーションすることへの魅力を感じたとのことです。そこで、二〇一八年七月に「AIのMIRAI、俳句の未来　俳句対局in北海道大学」というイベントを開催し、「超絶 凄ワザ!」とは異なるルールのもとで対決することにしました。

この対決では、人類チームと一茶くんチームが先手・後手に分かれ、交互に相手の俳句の後ろの二音をいただいて制限時間内にその二音から始まる俳句をつくっていき、審査員が採点した合計得点で勝負を決めるという即吟のしりとりを行いました。

ここで、しりとり俳句対決の進め方のルールを紹介します。

(一) 一茶くんチームと俳人チームとが、先手(黒)、後手(白)に分かれます。

(二) 先手(黒)チームが席題の俳句から後ろの二音をいただき、作句して投句します。(最後の二音には読み仮名を明記)

(三) 後手(白)チームは先手のつくった俳句から同様にいただき、投句します。(最後の二音には読み仮名を明記)

(四) 二と三を繰り返し、制限時間十分の間にそれぞれのチームが五句まで繰り返します。

(五) 審査員(二名~四名)が、俳句の出来を審査します。

(六) 俳句の点数と作句にかかった時間点およびその他減点を合計し、点数の高いチームが勝ちとなります。

チーム名	役割：参加者
一茶くんチーム	オペレータ：米田航紀（北海道大学）、今原智広（北海道大学） 選句：林佑（俳句集団【itak】、孵）、村上海斗（俳句集団【itak】）、千貫幹生（俳句集団【itak】） 投句：今野陽子（調和技研）
人類チーム	参加者：三瀬明子（マルコボ.コム代表）、高須賀あねご（いつき組）、門田なぎさ（いつき組）、大山香雪蘭（いつき組）、石川恭子（藍生・100年俳句計画）、マーペー（100年俳句計画）、南行ひかる（藍生・いつき組）、日暮屋又郎（100年俳句計画）、広瀬ともぞう（100年俳句計画）、山本哲史（俳句同人「燻」） ルール立案：キム・チャンヒ（100年俳句計画編集長）

表7.1　しりとり対決のチームメンバー

なお時間点に関しては、次のように決められました。

- 五句すべての俳句を十二分未満につくり終えた場合、減点はなし。
- 十二分〜十三分未満でつくり終えた場合、減点〇・五点。
- 十三分〜十四分未満でつくり終えた場合、減点一点。
- 十四分〜十五分未満でつくり終えた場合、減点一・五点。
- すべての俳句をつくり終える前に制限時間である十五分に達した場合、その時点で、それまでの得点にかかわらず負けとなる。

しりとり俳句対決のルールとしては、「使用する季語は当季に限らない」（対局は七月に行われましたが、冬の俳句などを詠んでもよい）、「前の句からいただくのは、表記にかかわらず後ろの二音のみ」「促音・拗音などが含む場合は、仮名に分解し、後ろの二音をいただく」「後ろ二音を正しくいただかなかった場合、逸脱の程度により一〜三点の減点が科される」「相手チームの俳句を見てから、俳句を短冊に書いて聴衆に提示するまで持ち時間が減り続ける」「すべての作句を終えた時点で残り時間による減点を行う」「残り時間がゼロになった場合、それまでの得点にかかわらず負けとなる」ということが採用されました。

人類チームは五名の俳人が交代で出場するという体制で勝負に臨みました。一方、一茶くんチームはまだすべての作業を人工知能で完結するほど技術が完成していないので、人工知能と人との共同作業で勝負に臨みました。人類チームおよび一茶くんチームのメンバーを表7・1に示します。

一茶くんチームの進め方は次の通りです。

まず、事前に勝負に十分な数の俳句を生成しておきます。対局時には二名のオペレータがしりとりの二音の制約を満たす俳句を検索します。次に、検索された俳句の中から三名の選者が勝負句を選定します。最後に、一名の投句者が選句された俳句を短冊に記入する、という役割分担となります。

さらに、「超絶 凄ワザ！」の勝負での反省と今回の勝負のルールを鑑みて、一茶くんには次のような改良も行いました。

俳句生成に関しては、教師データを変更しました。「超絶 凄ワザ！」の対戦時には、小林一茶、正岡子規、高浜虚子の計四万句を教師データに使用していましたが、このときに生成された俳句は切れ字に「哉」を多用しており、使われている語が全般的に古く、現代の俳句とのテイストの違いが一目瞭然でした。そのため、より現代の感覚に近い俳句を生成するために、学習データを現代俳句

点数	採点基準
1点	内容、文字数にかかわらず、投句されている。
2点	俳句としての基本的な知識に欠けている。
3点	類想が懸念される。句意が読み取り難い。
4点	類想が懸念されたり、句意が読み取り難いきらいはあるが、ひとまず句として成立している。
5点	作品としての強い魅力があるわけではないが、技術的には可も不可もなく成立している。あるいは、前句のイメージを借用しすぎている。
6点	5点の評価に加え、詩的要素が認められる。あるいは荒削りで難はあるが、発想に見るべき点がある。
7点	6点の評価に加え、発想あるいは技術いずれかの点で特に見るべきところがある。
8点	芸術的にも技術的にも、積極的評価ができる。
9点	8点の評価に加えて、強い芸術的魅力がある。
10点	9点の評価に加えて、普遍性を持った秀句である。

表7.2 しりとり対決における審査員による採点基準

四万句に切り替えました。

次に、俳句評価器を用いた選句支援の導入です。今回のしりとり俳句では一句の選句時間が実質二分程度と短いため、三人の選者でも二百句から一句を選ぶことが限界です。そこで、選者の選句を支援するために俳句評価器を開発し、提示する候補の俳句を特徴ごとに分類・順位付けをして、その結果を選者に提示するという方法を採用しました。俳句評価を行う仕組みとして、人間が詠んだ俳句と一茶くんで生成した俳句を判別する学習を事前に行い、俳句の「人間（が詠んだ）らしさ」という評価値の算出を可能にしました。そして、この評価値を使って、一茶くんで生成した俳句を「人間らしさが高い」「人間らしさが低い」「人間らし

図7.4　しりとり対決の様子

さが高くも低くもない」の三群に分けることとしました。

対局時には、しりとりした俳句を三群から六十句抽出し、計百八十句の候補を選者に提示することにしました。一般には「人間らしさが高い」俳句のみを候補とした方が良いと考えられますが、まだまだこの評価器は不完全であり、選者に提示する俳句に多様性を持たせるためにこのような手法をとりました。

俳句対決では最初のお題の俳句が提示されたあと、人類チームと一茶くんチームが交互に五句ずつ、両チームで計十句を詠むことで進められました。それぞれ詠まれた俳句について、俳句界で活躍している石本雪鬼さん（雪嶺主宰）、鹿岡真知子さん（氷原帯同人／＊現、帯俳句会同人）、江草一美さん（草木舎編集同人）、松王かをりさん（銀化同人、俳句集団【itak】幹事）の四名の審査員が評価を行い、俳句ごとの平均点の合計で勝負を争いました。なお、俳句の採点基準は表7・2の通りです。

さて、勝負の際にそれぞれのチームが提出した俳句は

表7・3のとおりです。最初のお題の「瓜くれて瓜盗まれし話かな」という俳句に対して、人類チームは「かな」を出だしとする「金葎(かなむぐら)屍の跡へ置く小花(こばな)」という一番目の俳句を提出しました。続いて、「はな」から始まる俳句として一茶くんチームは「花蜜柑(はなみかん)剥く子の道の地平まで」という二番目の俳句を提出しました。「花蜜柑」は温州蜜柑の花のことで、夏の季語です。素直に取ると花を剥くというのは日本語として違和感があるので理解が難しいところがありますが、点数は六・五点と、採点基準に照らすと荒削りだが詩的要素があるという評価でした。

先に進んで、人類チーム七番目の俳句「仮名の裏がえりそむ子ら梅雨晴間(つゆはれま)」に続いて、一茶くんチームは「れま」で始まる俳句を選出することができず、一文字変更して「山肌(やまはだ)に梟のこげ透きとほる」という八番目の俳句を選出しました。人類チームはあえて難しい言葉で終わらせる作戦をとったのですが、一茶くんチームは減点を最小化する候補選択の仕組みを実装しており、一点の減点で抑えました。対決という状況での人間ならではの勝負手でした。このように、交互に俳句を選出して採点が行われていきました。

勝負の最終結果については、一茶くんチーム総合得点三一・七五点、人類チーム三四・五点で残念ながらまたしても一茶くんチームは人類チームに負けてしまいましたが、この結果は人工知能の研究としては評価すべき点がいくつかあります。まず、文字変更の減点を除いた一茶くんチームの俳句につけられた評価の平均点は六・五五であり、採点基準に照らすと「俳句として技術的に成立

番号	チーム名（作者）	（出だし2音）俳句（終わり2音）	採点（内訳）
0	お題（正岡子規）	瓜くれて瓜盗まれし話かな（かな）	
1	人類チーム 高須賀あねご	（かな）金葎屍の跡へ置く小花（ばな）	8 (8 8 8 8)
2	一茶くんチーム	（はな）花蜜柑剥く子の道の地平まで（まで）	6.5 (6 7 7 6)
3	人類チーム 門田なぎさ	（まて）馬蛤貝の波につまづき潮に巻く（まく）	7 (6 6 9 7)
4	一茶くんチーム	（まく）撒くといふ言葉正して花見ゆる（ゆる）	5 (5 5 5 5)
5	人類チーム 日暮屋又郎	（ゆる）許しがたい臭いを放屁虫（むし）	5.75 (5 5 8 5)
6	一茶くんチーム	（むじ）無人とは毛深くなりし狸かな（かな）	6.75 (6 5 9 7)
7	人類チーム 山本哲史	（かな）仮名の裏がえりそむ子ら梅雨晴間（れま）	6.25 (9 6 5 5)
8	一茶くんチーム	（やま）山肌に梟のこげ透きとほる（ほる）	5 (6 7 5 6, -1)
9	人類チーム 三瀬明子	（ほる）ホルン吹く放課後の大夕焼かな（かな）	8 (8 8 8 8)
10	一茶くんチーム	（かな）かなしみの片手ひらいて渡り鳥	8.5 (6 9 10 9)

表7.3 しりとり対決で各チームが選出した俳句とその採点結果

しており、詩的要素、発想・技術に見るべきものがある」俳句をつくることができると審査員が評価していることです。

また、俳句一つひとつの点数を比べると、実は一茶くんチームがつくった「かなしみの片手ひらいて渡り鳥」という十番目の俳句が全体を通しての最高得点である八・五点を得ました。こちらは、審査員に「芸術的・技術的に評価できる、魅力がある」という評価をいただいたことになり、人がつくる俳句と遜色ない俳句を人工知能によって生成できるようになったということを表しています。さらに、会場の観客に両チームの俳句の中から良いと思う上位三句を答えてもらうアンケートを行ったところ、四十八名中、三十一名の回答にこの俳句が含まれていたのです。

選句は人が行ったので、すべてが一茶くんの実力ではありませんが、俳句生成に関しては一茶くんの出力に手を加えずそのまま用いています。将来的に人工知能が俳句会で人に交じって活躍できる可能性も十分にあり得ると思います。一茶くんチームの俳句は「人間らしさが高くも低くもない」と評価されていたものが大半であり、俳句の評価に関してはまだまだ改良が必要ではあります。ただ、俳句の生成という課題に対しては、この時点の一茶くんはチューリングテストに合格できるレベルに達しつつあったと言えます。

兼題対決（二〇一九年三月）

しりとり対局で協力してもらった俳句集団【itak】代表で北海道立文学館理事の五十嵐秀彦さんから、北海道立文学館の特別展「北海道の俳句～どこから来て、どこへ行くのか～」の特別展の一環として、人工知能と人類の対決の企画「ＡＩ vs俳人◆どっちの俳句がどっちなの?」が提案されました。

今回の対決では事前に兼題が与えられ、人間チームは一週間で俳句を詠んで提出します。一方、一茶くんチームは兼題を含む俳句をコンピューターで生成した後、その中から人が選句するという方式を採用しました。兼題には「冴返る」「雛」「菜の花」「蕗の薹」「朧」という五つの春の季語が選ばれました。

今回の対決では作者を伏せて会場の聴衆に二句を提示し、良いと思う句に挙手してもらって多数決で勝敗を決めるというルールが採用されました。なぜこのようなルールを採用したのかというと、作り手がわからない状態にしてできるだけ先入観を持たずに俳句の良し悪しを判断してもらうためです。これは、実際の句会でも作者がわからない状態で選句を行うため、俳句になじんでいるルールでもあります。

このときの一茶くんはすでに数百万句の俳句を生成することが可能になっていましたが、最終的な選句をする部分ではやはり人手に頼らざるを得ませんでした。そのため、ある基準をつくってその基準を満たす最も良い句を選ぶというアプローチではなく、人が選ぶことを前提として、その負荷を軽減するというアプローチを取ることとしました。

一茶くんで生成した多くの俳句に目を通す場合、語の並びがおかしく日本語として意味の通らない俳句が含まれていると選句に時間がかかってしまいます。それは大変なので、不自然な日本語を含む俳句を俳句群から可能な限り排除することにしました。

第6章で説明したように、人が詠んだ俳句と、人の詠んだ俳句から適当に単語のペアを交換した疑似俳句を用意します。言語モデルを用いてこの差を学習させ、一茶くんで生成した俳句に対して「言葉が交換された俳句である確率」を推定させます。この確率が大きい俳句ほど意味が通らない俳句であると解釈して、この確率が小さい俳句から人が選句を行うこととしました。

この対決は「超絶 凄ワザ！」から一年が経っており、この間には学習データの変更や評価機能の追加を行ってきました。今回は一年間の技術開発の結果の試金石として位置付けられる、重要な対決となります。

一茶くんの選句にはしりとり対局に引き続き、音無早矢さん（蒼海）、村上海斗さん（雪華）のお二人に担当していただきました。なお、各季語を含む選句の対象となる俳句数は次の通りでした。

「冴返る」を含む俳句　二千五百五十五句

「雛」を含む俳句　千八十四句

「菜の花」を含む俳句　二万千二百七十一句
「蕗の薹」を含む俳句　一万七千二百五句
「朧」を含む俳句　三万三千二百三十二句

一方、俳人チームとして、籬朱子さん（銀化・雪華）、栗山麻衣さん（銀化・雪華）、福井たんぽぽさん（雪華）、千貫幹生さん（北大）、田島ハルさん（雪華）の五名が参加し、対戦の司会者は俳句集団【itak】代表の五十嵐秀彦さんが務めました。そのほかにもコメンテーターとして橋本喜夫さん（雪華・銀化）と頑黒和尚さん（雪華）のお二人に参加していただきました。

それでは対戦結果を見ていきましょう。

◉第一戦　兼題「冴返る」

白　ダイヤルの電話の黄ばみ冴返る　福井たんぽぽ
紅　朝シャンのやうな顔して冴返る　AI一茶くん

作者を伏せて二句を評価してもらった結果、挙手がかなり拮抗しましたが紅の挙手がわずかに多く、初戦は一茶くんチームの勝利となりました。俳人チームの句は、ダイヤルの電話の黄ばみのイメージが良くないといった感想や、黄ばみは冴え返らないのではという疑問があるといった感想がありました。一茶くんの句に対しては、組み合わせの意外性がある、論理的に矛盾がないがコンピューターっぽい感じがする。また、面白いものでは、「朝シャンのような顔」がアイドルソングのようであまり好きではないといった声もあがりました。

◉第二戦　兼題「雛」

白　戦争がだんだん昏れて雛祭り　　AI一茶くん

紅　雨音の途切れずしづか古雛　　栗山麻衣

対戦結果は紅の句の挙手が多く、俳人チームの句が圧勝となりました。高い評価を得た紅の句は、古雛を背負っている時代を感じさせる句になっている、古雛に関して雨音を含めてうまく詠んでいる、良くできた一物仕立ての俳句であるという感想が出ました。一茶くんの句に関しては、戦争と雛祭りはあまり見られないとり合わせであり、戦争の影が静かに迫る雰囲気とそれと雛祭りを合わせているのが良い、戦争と雛祭りをとり合わせている二物衝撃としてうまくいっているなどと、対戦結果に反して好意的な感想が多くありました。

橋本さんからは、「戦争がだんだん昏れて」の戦争が第二次世界大戦だとすると、時代を感じさせるためには「雛祭り」を「古雛」として時代背景をわかるようにすると良いという指摘をいただきました。また、五十嵐さんからは、「感情がないのに一茶くんがこの句を詠むことができてしまう。また、感情のない人工知能でつくった俳句に対して、それを読んだ人間が感情や物語を呼び起こすことができる。俳句をつくることと鑑賞することには何かの違いがあるが、それは何か？」という問いかけがありました。

この時点での対戦成績は一対一です。

◉第三戦　兼題「菜の花」

白　菜の花や世界となりてひとつづつ　AI一茶くん

紅　菜の花の速達で来るラブレター　田島ハル

対戦結果は紅の句の方が若干挙手が多く、ここでも俳人チームの勝利となりました。一茶くんの句に対して、俳句の意味するところの理解が難しい、世界という語に対して菜の花が弱い、菜の花を食べているときの句ではないか、というコメントがありました。ほかにも、菜の花以外の説明が少なく成り立っていないかもしれないが意外性を感じる、ちょっと直せばすごく良くなりそうという意見がありました。

俳人チームの句に対しては、菜の花を使う必然性が薄い、菜の花の開花の速さを速達の速さに例えているのが甘い、女性を感じさせる句という感想があがる一方で、頑黒和尚さんからは、完成度が高くけちのつけようがないが予定調和的な句というコメントがありました。

対戦成績は、一対二で俳人チームのリードです。

◉第四戦　兼題「蕗の薹（ふきのとう）」

白　開店のチラシ来たらし蕗の薹　　千貫幹生

紅　蕗の薹散らしてゐたる会釈かな　　AI一茶くん

対戦結果は紅の句への挙手が多く、大差をつけて一茶くんチームの勝利となりました。一茶くんの句に対しては、蕗の薹のイメージが蕗の薹の傾く様子のイメージと重なる、雪が解けた中蕗の薹が出てきたイメージが良いといったコメントが出ました。橋本さんからは、「散らしてゐたる」の意味がとりにくいので、「まき散らしている」の方が良い句になるという指摘がありました。

俳人チームの俳句に対しては、開店のめでたいお知らせに胡蝶蘭を使わずに素朴な蕗の薹を合わせたのが良い、蕗の薹は春らしい、開店のチラシに包んで持って帰るイメージが湧く、蕗の薹の鮮やかな緑が開店のイメージが重なるなど、こちらの句を良いと思う方も多くいたようです。また、頑黒和尚さんは、「チラシ」と「来たらし」は韻を踏んでいるのが技巧を感じると評価していました。さらに、五十嵐さんからは、一茶くんの句を選んだ人は「散らしてゐたる」を「何か」に解釈していて、俳人チームの句を選んだ人はそれを解釈できないと判断している、というコメントがありました。

ここで対戦成績は、二対二の同点となり会場が大いに盛り上がったところで、いよいよ最終戦を迎えます。

◉第五戦　兼題「朧」

白　どこまでも崖当たりたる朧かな　AI一茶くん

紅　踊り場に鍵取り落とす朧かな　籬朱子

対戦結果は紅の句の挙手が多く、大差がついて俳人チームの勝利になりました。一茶くんの俳句に対しては、高熱で夢を見てうなされている情景というコメントがありましたが、頑黒和尚さんからは作者が明かされる前から、訳のわからなさが一茶くんの句らしいと見破られていました。また、橋本さんからは、中七（中段の七音）が「崖ぶち当たる」、「崖に追われる」、「崖にぶつかる」だと面白くなる。ただし、「崖に」の「に」を省くのはリスクが高いというアドバイスもいただきました。

俳人チームの俳句に対しては、非常に予定調和的な俳句、日常を素直に読んでいるといったコメントがありました。また、俳人チームの方が良い句と判断された方について、五十嵐さんは、「言葉と言葉の繋がりに脳が快感を覚える方の俳句を取る。白の句（一茶くん）は、言葉の繋がりが不思議で魅力ではあり、とても良い句に修正できる可能性も感じる。一方、紅の句（人の句）はでき上がっている句である。そのため、このままで評価するのであれば、選者として紅を取る」と仰っています。

頑黒和尚さんからは、紅の句は踊り場という表現が良い、鍵を落とす音が聞こえるというコメントがありました。橋本さんからは、「どこまでも」を上五（上段の五音）に持ってきて良い句をつくるのは難しい。さらに「崖当たりたる」でぼやけてしまっている。一方で紅の句は、踊り場という言葉がイメージを喚起する力を持っている、というコメントがありました。

紅の句が俳人チームの俳句、白の句が一茶くんの俳句ということが明かされて、対戦成績は、一茶くんチーム二対俳人チーム三となり、俳人チームの勝利となりました。最終戦まで勝負がもつれて、大いに沸いた対決となりました。

最後に、司会の五十嵐さんが次のような言葉で今回の対決を総括されました。

「人工知能に感情や感覚がない。でも、『俳句に似たもの』はつくることができる。それは、言葉が記号だからである。人間も感情や感覚を記号で表現する。俳句のように文章が短くなればなるほど説明ができなくなる。そのため言葉をどんどん記号化していく。我々は、人工知能が俳句をつくっても意味はない、という捉え方をすべきではない。人間の俳句を超える俳句を生成できる人工知能の登場に、我々は一九四六年の桑原武夫の唱えた第二芸術論と同じ衝撃を受けなければならない。我々俳人はなぜ俳句をつくるのか、どのように鑑賞しているのか、言葉のイメージとは何なのか、を考え直す良い機会だと思う」（註　「第二芸術論」は岩波書店『世界』一九四六年十一月号に掲載された桑原武夫の論文（桑原, 1976）。桑原は大家と無名の俳人の作品を混合して作者名を伏せたまま計十五句掲載し、作品単体からは両者の優劣を看破できないと断じた。ひいては俳句界における党派性が大家としての価値を決定しているとしてその封建性を批判したほか、俳句という形式の日本的抒情を前近代的であると喝破し、小説や戯曲に劣る「第二芸術」として区別して学校教育から排除すべきとした。五十嵐秀彦さんの発言は、桑原の挑発的な論調を受けてその後俳人

から多くの反論が生まれ、社会性俳句などその後の俳句運動に繋がる遠因になったことを下敷きにしていると考えられる）

兼題対決の結果としては、またしても残念ながら一茶くんチームは敗れてしまいましたが、私たちの目的は、単に人間よりも良い俳句を生成可能な人工知能をつくることではありません。一茶くんで俳句を生成するプロセスの構築を通じて、人間の外界の認識、感情の動き、心情を文章で表現するメカニズムを明らかにすることが目的です。今回の対戦を通じて、人工知能の研究者ではない俳人の方々も同じ問題意識を持っていることや、人工知能による俳句の生成は、俳句に携わる方々も惹き付ける研究になることが確認でき、とても大きな収穫となりました。

恋の俳句選句大会（二〇一九年六月）

本節の内容はハイクライフマガジン100年俳句計画2019年6月号「AI一茶君に恋は詠めるか!?プロジェクト」（有限会社マルコボ.コム, 2019）を参考にしています。

二〇一九年六月に愛媛県松山市にある坂の上の雲ミュージアムで「俳句チャンピオン決定戦　恋の選句王大会　～AI一茶くんに恋は詠めるのか！プロジェクト～」を開催しました。これまでの俳句対決は、俳人と一茶くんの俳句を比べ、選者（審査員）や聴衆が優れている俳句を選択するという形式を採用していました。今回は趣旨を変え、一茶くんで生成した俳句から良い句が選択できるかという俳人同士の対決になります。主催は、１００年俳句計画（マルコボ．コム）、北海道大学大学院調和系工学研究室、まつやま俳句でまちづくりの会で、後援が松山市（文化・ことば課）です。

普段、私たちがさまざまなメディアで目にする俳句は基本的に選ばれた俳句です。そのため、あまり良くない俳句は世に出てきません。しかし、より良い俳句を選ぶために用いるデータとして、どの句が優れていて、どの句がそれほどでもないのかといったことを、ある程度俳句を理解されている俳人が判断したデータが求められます。

少量の俳句を対象に短期的に集めるだけであれば、俳人の方々に協力してもらって、良い俳句とそうではない俳句の判定をしてもらうことも可能かもしれません。しかし、これでは大規模かつ継続的にデータを集めることはなかなか難しいです。常に新しい俳句がつくり続けられるという状況下で、データを集め続けられる仕組みをつくる必要があります。

また、一茶くんで生成した俳句の良し悪しに関するデータを収集する際、その判定作業は大変です。無理は続かないので、楽しくその作業が続けられる方法を模索してきました。今回の対戦は、選句に特化した人間同士が戦うという舞台設定になります。一茶くんで生成した俳句を使った選句ゲームをつくり上げることで、選句をする人が負荷なく楽しく選句し、そのデータを集めることができるのかということを検証することが目的です。

また、これまでの対決では、人間の句と一茶くんの句を比べてどちらが良いかという相対的な検証を行ってきました。今回は、人間は選句のみを行い、一茶くんで生成した俳句が人間の鑑賞に耐え得る質を持っているのかという絶対的な検証をすることにもなります。これまで交流を続けてきたマルコポ・コム社に協力を仰ぎ、この「恋の選句王大会」を企画しました。この大会では、一茶くんで生成した俳句を大会参加者に配布し、各々が選んだ俳句でその選句センスを競い合います。

大会ではまず事前に大会運営者が選んだ恋ワード十八語のいずれかを含んだ三百八十二万句を一茶くんで生成し、恋ワードごとに前述の「言葉が交換された俳句である確率」が低い順に上位百五十位〜九百位の俳句を準備しました。恋ワードは次の通りです。

心、二人、艶、君、嘘、サングラス、寝息、ぬくもり、哀し、くちびる、からっぽ、初恋、逢瀬、あなた、愛撫、愛人、さよなら、アリバイ

そこから二十六名の参加者に一茶くんの俳句を三百句ずつ配布して、三百句から並選三十句程度、特選五句、一押しの恋の句一句を選択してもらいます。配布される三百句は参加者ごとに異なります。

まず予選で各参加者が選んだ一押しの恋の句を見ていきたいと思います。日本語として全く意味の通じない俳句は見られませんでした。

八月や哀しきものを軽くして

業平忌ぬくもりつけて桜貝
母の背に母を見てゐるサングラス
冬の蝿死なねばならぬ逢瀬かな
寒椿二人静に嘘があり
くちびるに移民の夜の寒さかな
サングラスたたみかねたる風があり
河豚を煮て云はねばならぬ心かな
初雪や髭を大きく愛撫する
春眠の中より君の歩み来し
コスモスに風打つ午後の逢瀬かな
ひとはまだ初恋知らず山桜
炎天のからつぽの目を伴へり
羽子板や嘘うつくしき人とをり
初恋といふを怖るる一つづつ
初恋の焚火の跡を通りけり

里神楽眠る寝息を許さるる
嘘よりも深くなりけり春の月
黴よりも病む君の顔美しく
向日葵のもとのあなたに箸残す
桃の花嘘の如くに悼みけり
移動するままに君なり春の雲
唇のぬくもりそめし桜かな
てのひらを隠して二人日向ぼこ
元日のをんなばかりの寝息かな
嘘すこし祈りのごとく雲雀鳴く

次は本選の選句です。先の二十六句の中から参加者は二句、観覧者は一句をそれぞれ選句し、その結果を集計します。その得票数の多い上位五句が決勝戦に進むことができます。大会参加者、観覧者を合わせて五十名が本選の選句を行いました。

選句の結果、上記の二十六句から選ばれた次の五句が決勝戦に進出することとなりました。

羽子板や嘘うつくしき人とをり
てのひらを隠して二人日向ぼこ
寒椿二人静に嘘があり
初恋の焚火の跡を通りけり
唇のぬくもりそめし桜かな

決勝戦は、参加者、観覧者が最優秀に推したい俳句に挙手して多数決で決定します。その結果、最優秀の句として、三瀬未悠さんが選句した次の句が選ばれました。

初恋の焚火の跡を通りけり

恋の選句王に輝いた三瀬さんは、「人工知能のつくる俳句は人がつくる俳句と違って季語と他の単語が並列に扱われているのが新鮮だった。今後の作句にも取り入れたい」と語っています。

三百句から選句を行う予選について、大会参加者からは「選句の数がちょうど良かった」「思ったより良い句があったので余裕を持って並選を決めることができた」「時間は結構余ったので、五百句くらいに増えても大丈夫だった」という意見がある一方で、「選句の時間をもう少しいただきたかった」という意見もありました。また、本選については「句に対しての全体での鑑賞の時間がもう少しあれば、より盛り上がったのではないかと感じた」という意見があったように、選句とともに俳句を楽しんでいただくことも重要であることがわかりました。

また、全体を通して「私自身は初めての体験でした。選び甲斐がないというのが正直なところです。魂のない機械がつくったものを選ぶ、甲斐がないことを体験できたことは有り難かったと思います。人工知能の俳句は、丸投げなのでおそらくそういう気持ちになるのかと思います」という厳しい意見があった一方、「各参加者が選んだ一押しの恋の句二十六句を見ると、普通に人間がつくった句だといってもわからないくらいだったし、言葉と言葉が合わさるとそこに感情が生まれるものなんだなあと、ちょっと不思議な体験でした」という意見もありました。

選句大会の結果としては、参加者や観覧者の方々から選句のプロセスに対しても概ね好評をいただけました。参加者の方々の俳句歴などを踏まえた選句や俳句講評の時間設定を適切に行えば、俳句を嗜む方々にも楽しんでいただける企画になることを確認できました。選句の時間や一人に配布する俳句数をどのように設定するかは今後の課題です。

データ収集の観点からすると、二十六名の方々にご協力いただき、七千八百句から並選五百九十二句、特選百三十句、一押しの恋の句二十六句が選ばれたことになります。俳句を機械学習で生成・選択するための非常に貴重なデータを得ることができました。

一茶くんで生成した俳句の質に関しては、まだまだ改善の余地はありますが、俳句を嗜む方々が選ぶ際に大きなストレスを感じないレベルにあることも確認できました。人工知能の俳句に関する拒否感を持たれた方もいましたが、俳句に携わる多くの方々が私たちの取り組みに賛同してくれるということを知ることができたのは大きな収穫でした。

AI一茶くん初めての吟行（二〇一九年九月）

二〇一九年九月、石川県加賀市で開催された第二十九回芭蕉祭山中温泉全国俳句大会に参加しました。加賀市役所から俳句大会への参加の要望をいただき、一茶くん初の俳句大会への参加となります。芭蕉祭山中温泉全国俳句大会は一九八九年から開催されており、今回大会の参加者数は約九十名です。元禄二年（一六八九年）に松尾芭蕉が山中温泉に逗留した九月にちなんで開催されているそうです。松尾芭蕉は山中温泉をたたえる句「山中や菊はたおらぬ湯の匂」を残しています。

これまではイベント形式で対決を行ってきましたが、今回は初めて一茶くんで生成した俳句を俳句大会に投句することとなりました。今回の大会ルールでは、二句を詠んで投句します。「あらうみ」代表の駒形隼男さん、「雪垣」副主宰の中西石松さん、石川県俳文学協会常任理事の三谷道子さん、山たけしさん、石川県現代俳句協会の松本詩葉子さんが選者を務めています。

俳句大会の参加にあたり加賀市からの要望として、画像を入力として俳句を出力してほしい、生成から選句まですべて自動で行ってほしい（人による選句をできるだけ行わない）、という二点がありました。この要望に応えるために、山中温泉全国俳句大会の大会会場付近の風景画像を入力として、一茶くんで生成済みの俳句群とその画像の適合している度合いを出力する機能を開発しました。今回の大会参加の位置付けは、画像による選句を行う機能の検証です。

　画像による選句を行うために、まず、事前にキーワードを付与された風景画像データを使って、画像に映っている物体に関してマルチラベルのキーワードのベクトルを出力する画像解析器を作成しました。次に、キーワードを付与された画像と生成済みの俳句のマッチ度を出力する推定器を作成しました。俳句中に含まれている風景画像に付与されるキーワードの有無を教師データとして学習を行います。この推定器に加賀市で撮影した画像を入力すると、生成済みの俳句群に対して画像との適合度を出力します。

　今回の大会では二句を投句するので、一句は画像を入力として一茶くんが完全選句した結果、つまり入力した風景画像に対して最も適合度が高い俳句を投句することとしました。それだけでは心もとないので、もう一句は画像との適合度で順位付けされた俳句の上位から人が選句することとしました。人による選句に関しては、地元の金沢大学で若手俳人として活躍されている若林哲哉さんの支援を受けました。若林さんは、「南風」所属・「奎」同人で、二〇二〇年には若手の登竜門的な石田波郷新人賞準賞を受賞されている新進気鋭の俳人です。

　それでは、大会当日の選句の結果を見ていきます。今回、俳句を選句するための画像としては、俳句大会の会場付近にある山中温泉の名所でもある、あやとりはしから撮影した大聖寺川の画像（図

図7.5　あやとりはしから撮影した大聖寺川の画像

7・5）を利用しました。そして、この画像を入力として生成済みの俳句に適合度を付与した結果、最も適合度の高かった俳句として次の句が挙がり、一句目として選びました。

二人出て水のつめたき春の川

また、若林哲哉さんは次の句を二句目として選びました。

天心に川を引くなり秋の風

若林さんには選句に使える三十分で画像との適合度が高い順に千句近くをチェックしていただいたのですが、なかなか良いと思える句がなく、選句に苦慮されていた様子でした。

さて、結果です。選者からの講評として、一句目に対しては「含まれる季語『春の川』が俳句大会の開催された『秋』と合っていない」「情景が浮かばない」という辛口コメントをいただきました。また、二句目に対しても「二句目に含まれる『天心』の意味が良くわからない」「別の対決で紹介された俳句には良い句があったが、それらに比べてあまり出来が良くなかった」というコメントをいただきました。

今回の対決では、人手を介さずに画像に適した俳句を選択することが課題となっていました。画像を入力とした自動選句を実現はしましたが、残念ながら私たちの投句した二句は高い評価を得ることができませんでした。

一茶くんで大量の俳句の生成を行い、生成された俳句群にはそれなりのレベルの俳句が含まれている可能性が高くても、今回の自動選句では選者の方の選を得られるような俳句を選択することができませんでした。まだまだ選句の機能が低いことが明らかになり、選句機能に関しては、引き続き新機能の追加と改善を行う必要があります。

また、今回の俳句大会で選を得たいくつかの俳句には、山中温泉の鶴仙渓（かくせんけい）の風景を詠んだり、名所のあやとりはしを含んだりした句がありました。一茶くんでの俳句生成にはインターネットから収集した俳句を教師データとして学習していますが、この教師データには山中温泉の鶴仙渓やあやとりはしは含まれていません。一茶くんの俳句生成機能では、教師データに含まれていない単語が正しく俳句に含まれることは極めて稀です。例えば、教師データに「鶴仙渓」という単語が含まれていない限り、「鶴」「仙」「渓」が含まれていたとしても、「鶴仙渓」が出力される可能性はほとんどありません。

これまでの「超絶 凄ワザ!」、しりとり俳句対決、兼題対決、恋の俳句選句大会といった対決では、地域の独自性の高い風景や名所を俳句に含める必要性が意識されることがありませんでした。この問題に対応するためには、俳句生成モデルの教師データを調整して、対象とする地域の特徴を織り込んだ俳句を学習させる、地域の特徴が織り込まれた俳句を高く評価して、選句される傾向を高める、といった調整が必要になります。

また、これまでは特に俳句の季節を考慮することがありませんでした。今回初めて、選ばれた俳句が含む季語が俳句大会の季節と合っていないという問題が発覚しました。俳句大会や句会に参加する際には、守るべき規則を選句プロセスに反映しておく必要があることもわかりました。

山中温泉全国俳句大会への参加を通じて、画像と俳句の適合度合いの出力する選句機能の精度向上、目的に合わせた学習データの追加・調整手法の導入、大会ルールに臨機応変に対応できる選句機能の導入、といったことが課題として挙がりました。より一般的な俳句大会や句会への参加に向けて非常に参考になった大会参加でした。

「人間VS AI」（二〇二〇年四月）

「超絶 凄ワザ！」での人類と一茶くんの対決以降も、テレビ番組からオファーをいただく機会がありました。二〇二〇年四月に日本テレビで放送された「人間vsＡＩ」もその一つになります。「恋」をテーマに俳人の阪西敦子さん、俳優の加藤諒さんと対決することとなりました。

対決のルールは、誰が詠んだ俳句かを伏せて、審査員が最も良いと思った一句に投票するというものです。審査員は、「お～いお茶新俳句大賞」の審査員を二十年以上務める、いとうせいこうさん、俳人協会評論賞を受賞している俳人の岸本尚毅さん、若手女流俳人の野口る理さんの三名です。

これまでの対決では、一茶くんで生成した俳句を人間がキーワードを明示的に指定して、その語を含む俳句を検索していました。ですが、今回の対決ではお題が広く「恋」であり、「恋」という語そのものを含む必要はないため、何をキーワードに俳句を選ぶかも問われています。そこで、恋に関するキーワードをできるだけ自動的に選択するというところに注力しました。例えば、一茶くんで「恋」をキーワードとして俳句を選択すると、「恋」という単語そのものを含んだ俳句は出力できます。しかし、それでは芸がなさすぎます。

今回は俳人の大塚凱さんに一茶くんチームの助っ人選者として参加してもらいました。大塚さん曰く、良い恋の俳句とは恋をストレートに詠まずに恋を感じさせる俳句で、鑑賞者に情景や動作を豊かに想像させ、心ときめかせる俳句であるということを教えていただきました。これをどのように一茶くんに取り込むかが勝負の鍵となります。

そこで、今回の対決では、青空文庫を学習データに用いたWord2Vecを使って「恋」という言葉の連想語を検索して、さらに検索された連想語から連想語を検索して得られた語を含む俳句を選択することにしました（仕組みの詳細は第6章を参照）。その方法でいろいろな「恋」の連想語を含む俳句が抽出できました。対決用の俳句を選びながら、大塚さんが良い句の例としてあげた二句を紹介しておきたいと思います。

まずは一句目です。

耳に手を触れしままなる良夜かな

大塚さんは「満月を見ながらゆったりと過ごす幸福感というのが良夜という言葉にあり、耳に手を触れる関係というのが肩に手を触れるという関係とはまたちょっと違う恋人同士の距離感を見事に表現している」と評しています。

次に二句目です。

コスモスに手を触れている電話かな

こちらは、「コスモスと電話を状況としてぶつけたことが面白い。花に無意識に手を触れながら誰かと電話をしているという、ほのかな恋心があるような感じが面白くてオリジナリティがある」と評しています。

解釈を聞くと、なるほど、良い句だと思いますが、多くの生成された俳句の中からこのような句を人工知能によって選句させることはまだまだ難しい課題です。

この後、大塚さんが詠んだ五千句をさらに学習して候補の俳句を生成しました。Word2Vecを使うと、「恋」の連想語として「出逢い」が見つかり、さらに「出逢い」の連想語として「ふれる」が見つかります。選者の大塚さんは「ふれる」を含んでいる次の句を選び、こちらをもって対決に臨むことになりました。

鳥の巣をふれるかたちの手を握る

大塚さんは、鳥の巣というはかないものに優しくふれる手のかたちから、恋という感情を連想した一句として捉えています。

いよいよ対決です。まず、対戦相手の阪西さんの勝負句は次の句です。

ものよそふ手首に皺や花の冷え

こちらは、食事中のふとしたしぐさに見えた手の皺に恋を連想した句です。
加藤さんの勝負句は、次の句です。

風光る駅のホームに二人きり

一方こちらは、家に帰るときに駅のホームで気になる女性に会ったときのときめきを詠んだ句です。

審査の結果、いとうさん、岸本さんが阪西さんの句を選び、野口さんが一茶くんの句を選んだため、一茶くんチームは貴重な一票を得ることができました。審査員の野口さんや岸本さんからは、「普通は鳥の巣『に』ふれる、とするところを鳥の巣『を』ふれる、で不安定性が生まれ、それをスリリングと感じる」とお褒めの言葉もいただきました。

この対戦を通じて連想語を用いた俳句の検索を導入することで、キーワードを直接的に含む俳句の抽出だけではなく、間接的にテーマをイメージさせる俳句の検索が可能になりました。審査員からの一票もいただけたことで大きな進歩が感じられました。

「1億人の大質問!?笑ってコラえて！」（二〇二〇年八月）

多くの方が一度は見たことがある番組だと思います。二〇二〇年八月放送の日本テレビの「1億人の大質問!?笑ってコラえて！」でも俳句バトルと称して、スタジオゲストと対決しました。対決のルールは写真を見て俳句を生成すること。お題の写真は、新型コロナウイルス感染症がまん延し、緊急事態宣言が発出された四月末の銀座和光の時計台前です。いつもは人々で賑わう場所ですが、自粛期間中で人がほとんど消えてしまっている閑散とした様子が写し出されていました。

今回も私たちだけではどれが優れた句かの選別ができないため、助っ人として俳句王子の愛称で知られる高柳克弘さんにご協力をお願いしました。

これまで開発してきた画像から俳句を生成する技術を使い、「都会」や「東京」と「空」が写っていることを解析して、これらの単語を盛り込んだ俳句候補を大量に生成しました。私たちがその中から特に良いと評価した俳句を選び、高柳さんに確認していただきました。高柳さんから批評を受けたのは次の句です（高柳，2020）。

見えてゐる都会の空の寒さかな

図7.6　「1億人の大質問!?笑ってコラえて!」のお題の画像。人が映っていない晴れた昼間の銀座の三越前交差点が写されている。

高柳さんからは、「都会」と「寒さ」という単語は連想関係が近く、常識的で面白くないという指摘を受けました。他の俳句にもこうした傾向があったので、もっと対比の効いた単語の組み合わせを含む俳句を生成してはどうかというご意見をいただきました。

そこでアドバイスを参考に、意味合いの遠い単語の組み合わせが含まれた俳句を高く評価するように一茶くんを改良し、人間では思いつかないような言葉の組み合わせ、人工知能だからこその言葉遣いの意外性のある俳句を生成できるようにチャレンジしました。

改良した一茶くんで別の俳句候補を生成し、その中から高柳さんに選んでもらった句が次になります。

宙吊りの東京の空春の暮

「宙吊り」を使うことによって、本来の銀座の空ではない印象を与える。また、季語「春の暮れ」は春の夕暮れや晩春（春そのものの終わり）を表すが、暮れという語が人類の滅び、黄昏も感じさせる。高柳さんにはこのような評価をいただきました。

一方、スタジオゲストがこの画像を見て詠んだ句は次の句になります。

まだなのにすでに祭のあとのよう

毎日がお祭りのように人が多い銀座。「祭」は夏の季語だが、まだ夏になっていないのに祭りの後のように寂しさがある。また、本来であればオリンピックという祭で銀座が賑わっているはずなのに、コロナ禍によって既に終わった後のように寂しくなっている様子を詠んだそうです。こちらはやはり人でなければ詠めない良い句だと思いました。画像の状況を抽象度高く解釈し、比喩を効かせてまとめています。このような句はまだまだ今の一茶くんには生成することはできません。

一茶くんの句とスタジオゲストが詠んだ句に対して番組司会の所ジョージさんが、「結局、俳句を解釈する側の人の頭が良いのでは」とコメントしました。その通り、一茶くんで良いと評価される俳句を生成することはできても、俳句に込められた思いとその良さを味わうことは人だからこそできるのだと思います。

近年、人工知能の出力結果を説明する「説明する人工知能」の開発が進められています。俳句の生成・選句においても、なぜその俳句を選んだのかという理由を説明することができれば、俳句に対する理解が格段に深まるのだと思います。俳句をさまざまな角度から解釈して、想像力を掻き立てることは、俳句の楽しみ方の一つでもあります。そのためにも、人工知能技術の研究者だけではなく、いろいろな分野の方々からの指摘がとても重要だと考えます。

ＡＩ一茶くん初俳句集を出す

最後に二〇一九年三月に作成された一茶くん初の俳句集について紹介します。毎年三月上旬にアメリカ合衆国テキサス州のオースティンで開催されるＳＸＳＷ（South by Southwest）というイベントでの日本館で、一茶くん俳句の展示を行いたいという依頼が札幌市経済観光局からありました。しかし、一茶くんの選句機能はまだまだ低く、コンテンツとして俳句だけではなく俳句の選評も必要とされていることを考えると私たちだけでは無理そうです。そこで、またしても俳人の大塚凱さんに選句と選評を依頼することになりました。

大塚さんには一茶くんで生成した九千句の俳句を渡し、その中から十句を選句していただき、その句に対する選評を作成していただきました。完成した俳句集「ＡＩ俳句　ＡＩ　ＨＡＩＫＵ」には、筆書きの日本語の俳句とその選評、英訳された俳句と選評が記載されています。全十六ページの句集のコンテンツが揃い、紙媒体の冊子には和紙をイメージした背景色が選ばれました。

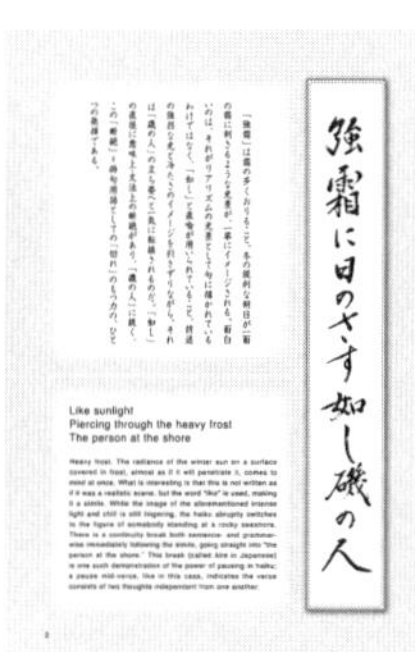

図7.7　SXSWに出展された俳句集「AI俳句 AI HAIKU」の表紙と内容。掲載された俳句と選評。一茶くんで生成した俳句と俳人の大塚凱さんによる選評が日本語および英語で記述されている

図7.8　SXSWの日本館で展示された一茶くんの様子

「超絶凄ワザ！」での対決やしりとり俳句対局を経て、俳句生成機能だけに絞れば人間に見劣りしない俳句を生成可能になった一茶くん。今回の俳句集の制作は、この時点での成果のまとめという位置付けとなります。SXSWの日本館での一茶くん展示ブースで俳句集を配布したところ、和紙をイメージした俳句集に最先端の人工知能技術で生成された俳句が掲載されているという、日本文化と人工知能技術の「取り合わせ」が功を奏し、多くの来場者の好評を得ることができました。俳句

集に掲載された俳句と批評は後ほど第8章で紹介します。

第8章 人工知能と俳句の未来

西行の爪の長さや花野ゆく

二〇二一年春　AI一茶くん

人工知能と囲碁と俳句

二〇一六年に、米Google傘下のイギリス企業であるDeepMindが開発した囲碁をプレイする人工知能「アルファ碁」（Silver et al., 2016）が韓国のプロ棋士であるイ・セドルと対決し、五戦で四勝をあげたことはまだ記憶に新しいと思います。人工知能の研究において、チェスや将棋、囲碁などのボードゲームは長らく知能を実現するための技術レベルを測る物差しとして使われてきました。一九九七年にIBMが開発したチェスをプレイするコンピューター、ディープ・ブルーが当時世界チャンピオンだったガルリ・カスパロフを破って以来、人と人工知能の力比べの場は将棋、囲碁と移り変わっていきました。イ・セドルに勝利した後もアルファ碁は進化を続け、二〇一七年には世界最強と言われた中国のカ・ケツにも勝利しました。

囲碁は十九×十九のマス目に碁石を置いていくゲームです。盤面に何もない状態からスタートし、二人のプレイヤーが交互に白黒の石を置いていくことでゲームが進行します。石を大方置き終わったところで勝敗が決まって終局となります。石の置き方や勝敗についてのルールは厳密に決まっており、そこには曖昧さや解釈の違いなどは入りません。「どちらかが勝ってどちらかが負けること」「プレイヤーは互いにすべての情報を知ることができること」「サイコロの出目のような不確実性が入らないこと」これらから、このようなゲームを二人零和有限確定完全情報ゲームと言います。このようなゲームにおいて、人工知能はどのように指し手を決めているのでしょうか。

ボードゲームをプレイする人工知能をつくる際には、ある場面が自分にとって有利か不利かを表す静的評価関数を用います。最終局面で自分が勝った場合を百点、負けてしまった場合をゼロ点とし、最終的にどちらの局面に繋がっている可能性が高いのかをゲームの途中で評価します。先手後手の有利不利がないゲームでは、開始時の評価関数は五十点となり、アルファ碁ではこの評価関数をニューラルネットワークによって実現しています。

例えば、左上から順番に白石があれば1、黒石があればマイナス1、どちらもなければ0という数値を並べてニューラルネットワークの入力とします。ニューラルネットワーク内での計算を経て、出力にはその場面が有利か不利化を表す評価値が出力されます。膨大なプロ棋士の棋譜を使って評価をディープラーニングで学習させることによって、アルファ碁は精密に場面を評価できる評価関数を実現しているのです。

評価関数が準備できたら、それを用いて指し手を決めることができます。ゲームは相手と自分で交互に石を置くことで進行するので、相手は自分にとって一番不利な場面になるように手を選んでくるはずであり、自分は自分にとって一番有利な手を選択するはずという前提で盤面を評価していくと二手先、三手先と先読みをすることができます。

一手一手たくさんの可能性があるので、先読みが少し深くなっただけでも膨大な数の場面を評価しなければいけなくなってしまいますが、強い手を選ぶためにはどこまで先読みできるかが重要になってきます。強い人工知能をつくるためには、どのように効率良く有望な先読みを行うか、そしてどのように場面の優劣を正確に数値化できる評価関数をつくるのかという二点が重要だということになります。

囲碁で勝つということはどのくらい難しいのでしょうか。囲碁で起こり得る場面の数はとても多いですが、それでもその数には限りがあります。もし神様がいて、勝敗がついたすべての最終局面を列挙したらどうなるか考えてみましょう。単純化のために引き分けはないとすると、最終局面では必ず自分の勝ち、もしくは負けが確定しています。次にそこから一手戻ることで生じる場面をすべて列挙し、その場面から自分、もしくは相手が最善手を選んだ場合にどういう結果になるのかを記録したと仮定します。さらにもう一手戻ってどのような結果になるかを記録していくということを繰り返すことによって、最終的にゲーム開始時まで遡ることができます。

ゲームによって先手必勝、後手必勝などありますが、そこまで遡ることができたら原理的にはゲームをプレイする前に先手後手を決めただけで勝負が確定していることになります。一手も打たないうちに「参りました」と降参する笑い話がありますが、まさにその状態となります。

人工知能の研究では、すべての場面を列挙して先手必勝か後手必勝かが確定したとき、そのゲームが「解けた」と言います。例えばチェッカーというゲームは二〇〇七年にすでに解かれていて、もし絶対に間違いをしないゲームの神様同士がプレイしたと考えた場合、必ず引き分けになることが証明されています（Schaeffer et al., 2007）。

コンピューターはたくさん計算できるのだから囲碁でもすべての場面について正確な評価ができるのでは、と言う人がいますが、これは不可能です。囲碁の場合、起こり得る場面の数は最大で三の三百六十一乗、およそ一・七×一〇の百七十二乗と計算できます。このすべてについてどういう結果に繋がっているのかを記録する必要がありますが、観測可能な宇宙の原子数すべてを合わせても、その個数は十の八十乗個しかないと言われています。つまり、仮に世の中のすべての原子一つひとつに場面の評価を書き込むことができたとしても、すべての場面の評価を記録するには到底足りないということがわかります。そのため、いくらスーパーコンピューターを駆使しても囲碁を解くことは簡単にはできません。

このように考えると、囲碁の勝負というものは、原理的には存在するが簡単には求めることができない正解の手にどのくらい近づけるかの勝負であると言えます。人間であれ人工知能であれ、正解の手に近づくことができたものが勝者となります。この勝負の世界には人の存在価値といったものは関係ありません。これまでの人工知能の研究ではそのような明確なルールや正解が存在する中で、いかに正しい判断をさせるかに焦点を当ててきました。そしてそのような問題の性質上、相対的に正解に近い答えを見つけることができなくなってきた人間が、人工知能に置き換えられるといった危機感や問題意識を持ち始めているのだと思います。

一方、人工知能研究の対象に俳句を取り上げることは囲碁と比較してどのような違い、意義があるのでしょうか。俳句で使われる文字を漢字とひらがなのたかだか一万種類程度と見積もったとすると、これが二十文字分続くと仮定しても、俳句としてあり得る日本語文は十の八十乗程度に過ぎません。場合の数は囲碁と比べて大幅に少ないものとなっています。

また、囲碁ではどのような状況になれば相手に勝つのかがルールによって厳密に決められていますが、俳句の良し悪しは人それぞれであり、俳句の読み手である人間に委ねられるため、絶対的な評価関数は存在しません。人工知能で良い俳句を生成しようと思ったら、人間がどのような俳句を良いと思うのかを理解する必要があります。そして、人工知能を使って俳句を評価しようと思ったら、人間がどのように俳句を解釈するのかということを理解しなければなりません。そもそも俳句というものには絶対的な正解を定義することはできませんし、人間の存在を無視して人工知能に俳句をつくらせたり、評価させたりすること自体がナンセンスなのです。

このようなことを考えると、俳句を対象として人工知能を研究することは、人の価値観や人生観、コミュニケーションを研究することであると言うことができます。私たちは一茶くんを人が行う句会に参加させ、人に交じって俳句を詠んだり、俳句を批評したりさせることをこの研究の最終目標として考えています。目標達成はまだ当分先になりそうですが、この研究を通して人の知能とは何か、人工知能をどう実現するのか、そしてそれは本質的に人の知能とはどのように違うのかといったことを明らかにしたいと思っています。

AI一茶くんの作品評価

一茶くんによって生成された俳句はどのくらいのレベルなのでしょうか。正直に話すと、お恥ずかしながら一茶くんの研究を行っている私たちは俳句の素養が全くなく、評価ができません。そこで、俳人の大塚凱さんに一茶くんで生成された俳句の中から優れたものを選句してもらい、批評してもらいました。大塚さんは二〇一三年に俳句甲子園で優勝、二〇一五年には石田波郷新人賞を受賞した実力者。大塚さんの作品は二〇一九年には俳壇の登竜門「角川俳句賞」の候補作品にも選ばれています。

次に示す十句が、九千を数える一茶くんのアウトプットの中からSXSW（詳細は第7章参照）に出展する俳句集のために大塚さんが取り上げた作品と、その作品に対する批評になります。

水仙やしばらくわれの切れさうな

その心地を「われの切れさうな」と表現したことの繊細さ。生きていればこそ、世界の鋭利さに傷つく思いがすることもある。「しばらく」という時間に佇む作中主体は、「水仙」という冬の清澄な水辺を想像させる季語の空間で、自分を見つめ直しているかのようだ。「水仙」という言葉のもつナルシシズム、自意識あるいは若々しく屹立したようなその咲き方もまた、「切れさうな」ものとして感じられる。

強霜に日のさす如し磯の人

「強霜」は霜の多くおりること。冬の鋭利な朝日が一面の霜に刺さるような光景が、一挙にイメージされる。面白いのは、それがリアリズムの光景として句に描かれているわけではなく、「如し」と直喩が用いられていること。前述の強烈な光と冷たさのイメージを引きずりながら、それは「磯の人」の立ち姿へと一気に転換されるのだ。「如し」の直後に意味上・文法上の断絶があり、「磯の人」に続く。この「断絶」＝俳句用語としての「切れ」のもつ力の、ひとつの発揮である。

逢引のこえのくらがりさくらんぼ

「さくらんぼ」はふたつでひとつに繋がっているイメージが内包されているので、その観点からは「逢引」とかなり接近した言葉遣いであり、やや陳腐な印象がある。しかしながら、この句の見所は「こえのくらがり」である。この一語で、禁断の恋のような、ささめき声が思われる。それこそ、静かで薄暗い空間でさくらんぼをカクテルに沈めているような想像（というよりもはや妄想）が読者を襲う。

雲ふかくゆきて帰らず毛虫焼く

同じ雲が帰ってくることは決してない。それはひとつの真理を把捉したフレーズである。夏雲が空を深く、さらに深く進んでいく光景の下で、毛虫が焼かれて駆除されている。多くの毛虫が、火の力で一斉に滅んでいくところだ。旺盛な雲の往来と、毛虫の業火との対比が鮮やかであり、また、毛虫も雲のような質感と速度で、どこかへと、深く深く、遠のいてくような心地がする。

白鷺の風ばかり見て畳かな

白鷺という季語には、夏の燦々とした光が伴っている。その大鳥に吹く風の動きを、作中主体はずっと眺めているのだ。それも、畳の上から。「畳かな」の一語で、作中主体が窓を開け放った畳の上におり、木と紙でできたその伝統的な日本家屋を、白鷺とおなじ風が吹き抜けているのだということが示唆される。納涼の一景が、緊密な語の連なりによって表現されている。

なかなかの母の声澄む蕗の薹

「なかなかの母の声」という引き締まった表現が心地いい。「母の声が澄んでいて、なかなかいい声だ」という意味内容だと解釈するが、それを「なかなかの」という句の入り方で支えたのが一興だ。「声」が「澄む」と清澄な空間を想像させてからの「蕗の薹」という落とし方も、憎いほど達者だ。春の山路に蕗の薹が芽ぐんでいるというだけのささやかな瞬間だが、それはこの世界に対する賛歌に他ならない。

麦踏みのひとの乙女のおほつぶり

「麦踏み」は春先に芽吹いた麦を踏む農作業のひとつ。こうすると根の張りがよくなるという。この句では「ひとの」の直後で軽く「切れ」が入っていると解釈した。遠いものにだんだんと近づき、把握を深めていくという文体がうまく扱われている。遠くにいる「麦踏みのひと」に目を凝らすと、実はそれが「乙女」であり、しかも「おほつぶり」、つまり頭が大きいということに気がつくという諧謔（かいぎゃく）。「遠くにいる割に頭が大きく見える……」というような遠近法の混乱を面白く描いている。文体とはつまり、人間の認識の秩序を再構成する営みだと思う。

裏方の僧が動きて麦の秋

何らかの法要や行事なのだろうが、確かにそれは僧侶たちにとっての一舞台であり、ある意味では「パフォーマンス」の機会に他ならない。そこには、人々の目を集める役回りもあれば、そうではない裏方仕事というのもあるのだろう。麦の秋（夏の季語。麦の充実した収穫期をさす。）という空間的なひろがりのある季語の力によって、そんな下積みの僧が働く様を、遠くから眺め、心を寄せているような面持ちがするのだ。今までそんなことを意識したことはなかったが、「裏方の僧」という言葉の喚起力が一句を立ち上げた。

貧農はどこより解かれ雪降れり

開拓移民として太平洋戦争終戦間際に北海道に渡った俳人・細谷源二の〈地の涯に倖せありと来しが雪〉を思い出した。「解かれ」という大仰な表現の動詞を踏まえると、封建制から近代的土地所有制度へと変遷した歴史を思い浮かべて読めばいいだろうか。それも実際にはおそらく、歴史書では書き落とされた、個人個人の差があったはずだ。そして、貧農はどこへ向かったのか。かつて耕していた土地に、雪が降る。雪はレクイエムのようであるし、あるいは、更なる困難を示唆しているかのようでもある。

鏡台に汗ばむ程と思うべし

「思うべし」と語りかける相手が誰なのか、判然とはしない。しかし、「鏡台に」という上五（冒頭の五音）を得たことで、それが鏡に映った自分自身なのではないか、と思われてならなくなる。その火照った顔と向きあうとき、いつもは身支度の途中で淡々と用いているだけの鏡の顔が、違って生き生きと見えてくるような感覚。と同時に、自分の存在が揺らぐような、ひやりと脅かされるような、その感覚にとりつかれはしないだろうか？

これまで説明したように、その仕組み上、一茶くんはディープラーニングでつくられた賢いサイコロの域をでていません。しかし、その一茶くんで生成した俳句に対して大塚さんの細かい状況描写がなされることによって、俳句が表現している世界が生き生きと感じられ、またその意味がとても深いもののように感じられてくるのではないでしょうか。俳句自体は変わらないのに、批評が加えられることによってその価値が変わってくるように感じられるのもまた俳句の面白さです。

また、この批評のなかで大塚さんはとても興味深い表現をしています。いくつかの俳句の状況を説明する中で、「作中主体」という言葉を使っています。通常、俳句は人が詠むものだとすると、俳句に詠まれている状況、感情などは作者が主体と考えるのが通常であり、批評でも「作者」と表現するのが普通ではないかと思います。

しかし、人ではなく人工知能で生成した作品であるとすると、実体験としての俳句という解釈を加えることに心理的抵抗があることは理解できます。そしてそのような感覚から、架空の主役としての「作中主体」という言葉が使われたのではないかと思います。

ただ、人がつくった俳句だとしても実体験に基づかない想像上での創作もあり得るはずです。果たしてそのような作品であれば、人が詠んだ俳句でも「作中主体」という言葉を使うことが適切なのか、やはり「作者」という言葉で説明するのが適切であるのかは興味があるところです。

俳句とクオリア、記号接地問題

私たちの開発した一茶くんで生成した俳句には、玄人の方が褒めてくれるようなレベルの高いものも、ときどき含まれています。嬉しいことに、すでに素人の域を超えているという評価をいただくこともあります。一茶くんを使って俳句を生成することに関しては、相当のレベルに達しつつあると言えるのではないかと自負しています。一方で、現状ではたくさん生成した俳句の中から、一茶くんを用いて良いものを選ぶことができません。つまり、生成した俳句を人工知能で評価する良い方法が未だわかっていないのです。

一茶くんで俳句を生成することと比べて、なぜ俳句を評価させることは難しいのでしょうか。一茶くんは、繋がりそうな単語を上手に繋いでくれる賢いサイコロを振って俳句を生成しているようなものと言えます。もちろん、ディープラーニングを使って膨大な数の俳句を学習してつくられた賢いサイコロなので、運が良ければそこそこ文脈ができ上がっているように見える俳句を生成することができます。逆に運が悪いとぱっと見て意味が通らない俳句も混じってしまいますが、そこは膨大な数を生成することでカバーできています。一茶くんで生成する俳句が玉石混交だとしても、たくさんの俳句をつくる物量作戦を取ることで、生成された俳句の中に素晴らしいものが含まれてくるのです。

一方、俳句を評価するということは、俳句の言葉の意味、文脈をきちんと理解することが求められます。これは今の人工知能にとってとても難しい問題になります。膨大な教師データの俳句を学習させるだけのやり方では、本質的に言葉の意味理解を実現することは難しいのです。その難しさをわかってもらうために、次のような思考実験をしてみましょう。

生まれたての人間の子供を生まれてすぐに真っ白で窓もない部屋に入れ、辞書を一冊だけ渡して言葉を覚えてもらうこととします。窓も色もない部屋なので、この辞書だけが言葉を覚える唯一の手がかりになります。この子供は後に「赤い色」とはどのような色かを理解できるでしょうか。渡された辞書で「赤」を引いたとき、例えば「リンゴの色」と書いてあったとします。では、リンゴとはいったい何なのかをこの辞書で引くと「赤い果物」と書いてあったとします。確かに辞書の中で言葉の定義はなされていますし、辞書に出てくる言葉はすべて辞書の中で定義されているはずですが、これでは赤→リンゴ→赤→リンゴ……と繰り返すだけで埒が明きません。

もしくは、より科学的に細かく書かれた辞書であれば、「赤い色とは、760~830 nmの波長の電磁波」など、物理的な特性について説明しているかもしれません。しかし、いくら詳しく書いてあっても結局どこかで同じことが生じてしまいます。辞書をいくら丁寧に隅から隅まで覚えたとしても、真っ白な部屋にいるこの子供はいつまで経っても、赤がどのような色なのかわからないままなのでしょうか。

では、ある日この子供にどこからか「これからリンゴを差し入れてやろう」と声をかけ、部屋に一つのリンゴが差し入れられたら何が起こるでしょうか。この思考実験は、フランク・ジャクソンという哲学者が「随伴現象的クオリア」という論文で提案した「メアリーの部屋」という実験として知られているものです（Jackson, 1982, 1986）。

もし、辞書を読み込んで知識を十分に得ているはずのこの子供が、リンゴを手にしたときに何か新しいことを学んだとしたら、それを「クオリア」と呼びます。クオリアは経験の主観的、質的性質であるとも言えます。クオリアが存在するかどうかには議論の余地があり、リンゴを手にしたときに何も新しいことを得られることがなく、クオリアは存在しないという主張をする研究者もいます。しかし、多くの人はリンゴを手にすることで何か新しい知識が得られる、つまりクオリアは存在すると考えるのではないでしょうか。私たちも、一茶くんの研究を通してこのクオリアをどう人工知能で扱っていくのかということが大事だと思っています。

もしクオリアが存在するならば、きっとこの子供はリンゴを見た瞬間にたちまち「赤い色」とは何かを感覚的に理解するはずです。また、ひとくち食べてみることによって、「シャリシャリ」「甘酸っぱい」などと言った言葉も理解するはずです。赤という言葉の意味がわかることによって、イチゴの色がどのような色かも理解できるといったように、辞書の中で閉じていた世界の一部が現実の世界にリンクしていき、辞書の中で定義されている言葉たちの多くがクオリアを伴って意味を持ち始めるでしょう。

このように、人工知能の知識表現において、そこで使われる言葉や記号の意味を現実世界の実体が持つ意味に結び付けられるかどうかという問題を記号接地問題と言います。哲学者のスティーブン・ハルナッドが、人工知能には意味が理解できないという論証の一環としてこの記号接地問題を提示しました（Harnad, 1990）。これは、人工知能が身体性を持たず、環境と切り離された形で記号の処理をしようとするときに起こる問題であると言えます。

俳句で用いられる言葉、特に季語は現実世界の実体に直接的に結び付けられた意味としての本意のほか、そこから想起される人の感情や抽象的な解釈である本情の共有を大事にします。そこでは、見た目、温度、匂い、音、振動、感触、味など人間の感覚を通して感じたクオリアが言葉に結び付いて語彙を形成しているはずです。

ここから、俳句の教師データのみをいくら膨大に用意したところで、言葉の意味を理解すること、言葉のクオリアを得ることが難しいということがイメージできると思います。俳句の言葉の意味、文脈を理解して良し悪しを評価するためには、この記号接地問題、クオリアをどう得るのかという問題を解決することが避けて通れません。しかしながら、発展途上である今の研究段階ではまだ十分な解決策は見いだせていないのです。

それでは、今の人工知能の技術に記号接地問題を解決する術はないのでしょうか。私たちはディープラーニングのいくつかの研究事例が、俳句研究における記号接地問題を突破するヒントになるのではないかと思っています。

例えば、ディープラーニングを応用した最新の画像認識では、画像の中に写っている物体を他の物体と異なる切り離された存在であるということをきちんと認識し、その物体が何であるかを正しく紐付けることができます（He et al., 2017）。その認識精度は人間の認識精度を上回っているとさえ言われています。つまり、現実世界に実在する「もの」と「名詞」を結び付けることはすでに可能になっているということです。

また、他の研究事例では、ディープラーニングによって画像に写っている状況を説明する文章を生成させることに成功しています（Vinyals et al., 2015）。例えば、画像をその人工知能に入力するこ

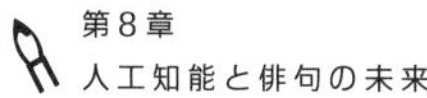

とによって「海岸で男性が犬を散歩させている」という文章を出力させることができるようになっています。これらの技術はいずれも、画像と言葉といったように性質の違ったいくつかの情報を組み合わせて学習させることで相互の関連性を獲得します。

このように、性質の違った情報を学習させることをマルチモーダル学習と言います。画像と言葉を結び付けることによって、これまで言葉だけで閉じていた世界から一歩先に進むことができます。これらの技術を応用すれば、俳句に詠まれている状況を画像として表現したり、逆に写真画像から俳句を生成することも実現できるかもしれません。ディープラーニングがマルチモーダル学習に拡張されることによって、一茶くんも将来的に記号接地問題を乗り越えていける可能性があるのです。

中国語の部屋とAI一茶くん

第6章で一茶くんの仕組みについて説明しましたが、一茶くんの仕組みを知って皆さんはどのような感想を持ちましたか。ひとたび仕組みを知ると、一茶くんが知能を持って俳句をつくりだしていると言うより、アルゴリズムに従って動作することで俳句が生成されていると感じるのではないでしょうか。一方で仕組みやアルゴリズムをいったん忘れて大塚凱さんが批評してくれた一茶くんの俳句を眺めてみると、どれもその出来栄えに唸るものばかりで俳句の素養の高さに驚くのではないでしょうか。

今は発展途上ですが、一茶くんが将来人間のように考え、俳句を詠むということができるのかを考えたとき、この問題は第2章で説明した「強い人工知能」が実現できるのかどうかという問いに繋がっています。この問いにたいして、一九八〇年にジョン・サールという哲学者が「中国語の部屋」という思考実験を発表し、強い人工知能は実現できないと主張しています（Searle, 1980）。

中国語の部屋とは次のような状況です。日本語しか知らないあなたが密室にいると想像してください。この密室の中には「〇〇（中国語）」というメモが届いたら「××（中国語）」を返せと指示された膨大なマニュアルがあるとします。ときどき、壁の穴から中国語が書かれたメモが投げ込まれます。あなたは全くメモの内容は理解できないまま、とりあえずマニュアルを参照してなんとか紙に答えを写し、外に向かって穴から答えを返します。

このとき、外でメモを投げ込んだ中国人には、まるで部屋の中の人が中国語を理解して返事を返しているように見えるでしょう。しかし、部屋の中の人であるあなたは実際のところ全く中国語は理解していないという状況です。ここでは「あなた」としましたが、それをコンピューターで行ったものが人工知能ということです。この思考実験は、仮にコンピューターが極めて知的に見えるとしても、コンピューターが心、意識、知能を持ったことにはならないということを示唆しています。

サールの主張は次のように要約できます。

㈠　コミュニケーション機能と意識は別物である。

㈡　文章を組み立てられるからといって意味を理解しているとは限らない。
㈢　意識を持つ人工知能をつくることはできない。

ここで、俳人の五十嵐秀彦さんが雑誌『俳壇』の中で、「ＡＩ俳句が問いかけること」というタイトルで興味深い考察を述べている（本阿弥書店編集部，2019）ので一部を抜粋したいと思います。

ＡＩが人間と同じように俳句を作り選句をし、鑑賞もできるようになったからと言って、それ自体は俳句文芸には何の役にも立たない。ＡＩが人間に代わって俳句を作ってくれることを、これは便利なことだなと思う人がいるはずないからだ。ではなぜ私たちはＡＩ俳句が気になるのか。それは、俳句文芸をＡＩに置き換えることで、人はどうやって俳句を作り、選句し鑑賞しているのか、そのメカニズムが明らかになるのではないか、そう思うから関心が高くなるのである。言葉の意味を理解しないＡＩが俳句を作れるということは、言葉のつながりによって作られる意味性よりも、切り離された単独の言葉の持つ力の存在を浮き彫りにしており、「俳句における言語」というものの本質を示唆しているのである。そして鑑賞のメカニズムはどのようなものか。そこに過去の個人的な体験が作用しているのか。それは言語化された記憶なのか、あるいは映像的な記憶なのか、感覚的なものなのか。

とても興味深い考察がなされていると思います。私たちは一茶くんの研究を通して知能とは何なのか、どうやって実現するかのみならず、どうなったら実現できたと言えるのかについて理解を深めようとしてきました。一方、五十嵐さんの考察では人工知能で生成した俳句を鑑賞することを通して人がどのように俳句をつくるのか、解釈するのかについて理解が深まるのではないかということが述べられています。中国語の部屋の思考実験による「強い人工知能」の実現性の有無の議論を超えて、そのような状況を目前にした上で人工知能ではなく人の知能とはどういうものか理解したいという深い興味が感じられます。

中国語の部屋の議論について少し補足します。部屋の中の人が中国語を理解していなくてもマニュアルや中の人を含めた部屋全体を一つのシステムと見なすと、システム全体では中国語を理解しているという考えや、そもそも中国語がわからないままどのような問いにも答えられるようなマニュアルを用意することはできないのでこの議論はナンセンスである、ということを主張する研究者もいます。

また、逆に中国語を理解する人の個々の脳細胞が一つずつ、同じ入出力関数をもった電子部品に置き換わる、という思考実験を考えた人もいます。脳細胞が同じ機能をもった電子部品に少しぐらい置き換わっても、自分はまだ自分なのは確かです。意識や自己認識の能力が突然失われることもありません。しかし、少しずつ脳細胞を置き換えていき、最終的にすべての脳細胞が電子部品に置き換わった場合はどうでしょうか。そうしてできた中国語を理解するアンドロイドは、中国語の部屋と何が違うのでしょうか。

守破離

人工知能による俳句研究を進めていく際に、重要な示唆を与えてくれるのではないかと考えていることについてお話したいと思います。「利休道歌」という、わび茶を完成した千利休の教えを和歌の形式にまとめたものをご存じでしょうか。この中に次のような歌があります。

規矩作法守り尽くして破るとも離るるとても本を忘るな

師弟関係を重んじる芸道や武道の世界では、稽古や修行の段階を表現するものとして、この歌から「守る」「破る」「離れる」の三文字を取った「守破離(しゅはり)」という言葉がよく使われます。技を習得するため、師匠に教わった型をひたすら正確、忠実に「守る」。それまでに身につけたものを洗練させ、自分の個性を出すために模索し試すことで既存の型を「破る」。これまでの経験や知識にとらわれず、独自の境地を切り拓いてゆく「離れる」。ただし、根源の精神「本」を見失ってはならない。道を極めるために欠かせない志の持ち方として広く語り継がれている言葉です。

この「守破離」が、俳句研究を進めていく際にも大事になってくると考えています。一茶くんの開発の際、私たちが最初に取り組んだのは過去に人間が詠んだ俳句のデータをひたすら集め、コンピューターに言葉の繋ぎ方や使い方をひたすら学習させることでした。できるだけ人間の言葉遣いに近く、意味的にも文法的に違和感のない俳句を生成するためです。そうすることで、ある程度のレベルで違和感のない俳句を生成することができるようになりました。しかし、そこから生成されたものは学習データの部分的な組み合わせでしかありません。ある既知の数値データ列があったとき、そのデータ列の各区間の範囲内を埋める数値を求めることを「内挿」と言いますが、ここで行っているのはまさに俳句の言葉の世界で内挿を行っている状態です。この内挿を行っている状態を「守」と理解することができるのではないかと考えています。

では、一茶くんが「守」を習得して次の「破」の段階に行くためにはどうしたらよいでしょうか。内挿に対して、ある既知の数値データがあったとき、そのデータの範囲の外側で予想される数値を求めることを「外挿」と言います。内挿は数値と数値の間を補完する形で内側を求めたら良いのに対して、外挿では数値の外側を予想しなければなりません。俳句で例えると、これまでの教師データを学習した上で、教師データの外側、つまり型の外側にある俳句を生成できるようになることが「破」であると考えられないでしょうか。

これを実現させるためには、これまでに説明してきたような、大量の教師データをディープラーニングで学習させることで隠れた規則やルールを近似する「帰納的学習」では限界があります。帰納的学習に対して、対象問題固有の本質的なルールや知識を基礎とし、さまざまな付帯的条件と論理的推論を活用して結論を導き出すという考え方を「演繹的学習」と言います。教師データから型を見出し、抽象度を上げて一段高視点でその型から派生する可能性を探索するような、演繹的学習を一茶くんに持ち込んでいくことが「破」を実現する鍵だと考えています。

最後の「離」についてはどう考えたら良いでしょうか。「離」とは、これまでの経験や知識にとらわれず、独自の境地を切り拓いていく状態のことです。つまり、型を再定義していく能力が求められることになります。教師データからルールを近似することを帰納的学習、ルールから起こり得ることを導くことを演繹的学習と言いましたが、これに対して、教師データからどんな本質的なルールがあり得るのかを推論することをアブダクション（仮説的推論）と言います。

アブダクションの有名な例はニュートンの万有引力の発見です。ニュートンはリンゴが木から落ちたのを見たときに、地球には引力というものが働いているのではないかという仮説を発見したと言われています。これは、教師データを学習してリンゴの落ち方を予測することでも、ルールから起こり得ることを見つけることでもありません。ルールそのものを見つけるということであり、このようなひらめきがアブダクションです。

俳句で「離」を体現した俳人に種田山頭火が挙げられると思います。季語切れ字があり十七音の定型句が俳句であると習った後で、山頭火の自由律俳句を見た際に衝撃を受けた人は多いのではないでしょうか。

分け入つても分け入つても青い山
まつすぐな道でさみしい
けふもいちにち風を歩いてきた
どうしようもない私が歩いている

はたしてこれを俳句と呼ぶのかどうかの疑問はさておき、このように既存の型を壊して新しい型そのものを新たに発明し、そしてそれに則った作品を生み出すことができたら、人工知能もだいぶ人間の知能に近づけたと言えるのかもしれません。そのためには、将来的に俳句におけるアブダクションとは何かについて研究を進める必要があるのではないかと考えています。

チューリングテストと俳句

人工知能という言葉は一九五六年にダートマス会議で初めて提案されたということは第2章で紹介しましたが、人工知能の概念を最初に提案したのはイギリスの数学者、アラン・チューリングと言われています。チューリングは人の知能とは何かを深く考察し、現在のコンピュータープログラムの原型となる理論を最初につくりました。この原型はチューリング・マシンと呼ばれ、人工知能や計算機科学の教科書にも必ずと言っていいほど登場します。チューリングは、機械は思考ができるのか、どのような条件を満たしたら知能が実現できたと言ってよいかということを考え、一九五〇年にチューリングテストという質疑応答式のテストを提案しました（松原, 2011）。現代風に解釈すると、チューリングテストは次のようなものになります。

スマートフォンのメッセージングアプリで面識のない二人と新しく友だちになったとします。実は二人のうちどちらか一方は人工知能ということがわかっています。二人にはどのような質問もすることができますが、実際に会うことはできません。さまざまな会話をしていく中で、あなたはどちらが人工知能かを見破ることはできるでしょうか。もし見破れたらその人工知能は不合格、見破れなかったら合格となります。事前にどちらかが人工知能ということはわかっているので、人工知能が完璧に人らしく振る舞うことができたら見破れる確率は五十パーセントになります。

このチューリングテストの本質は、コンピューターが知能をもっているのかどうかについてテストするというより、コンピューターが知能をもっているように振る舞えるのかどうかをテストしているということです。知能というものが何なのかを厳密に定義できないとすると、知能を持っている、持っていないを判定する基準もつくることはできません。相互作用が知能の本質であり、人間との相互作用の中でコンピューターが人間と同等の振る舞いができれば知能を持っていると言ってよいのではないかとチューリングは考えました。

これを私たちの俳句研究に置き換えてみると、オンライン開催の句会に一茶くんを参加させ、人工知能と見破られなければ一茶くんは知能を持っているというテストが考えられます。そのためには、俳句を詠む、批評するといったことが人のレベルに十分に達している必要がありますが、このテストに一茶くんが合格できるのはまだ当分先のようです。

AI俳句協会の設立

人工知能による俳句生成の試み、そして俳人による生成された俳句への評価などを説明してきましたが、では、人工知能の技術でつくられた一茶くんは人と同じように俳句を詠んでいると言えるのでしょうか。一茶くんでは、人がつくった膨大な俳句を教師データとして与え、ディープラーニングによって単語と単語の繋がりを学習させることによって、いかにも俳句らしい十七音を出力させることが可能となりました。多くの俳人の方にも見てもらい、素晴らしい作品や新しいスタイルの俳句が含まれていると褒めていただくこともあります。

しかし、一茶くんの仕組み上、人に伝えたいことが先にあって言葉を繋いで俳句を生成しているわけではありません。繋がりそうな単語を確率的に選択することで結果的に俳句になった、その中にたまたま素晴らしい俳句だと解釈できるものがあった、というのが正直なところです。何かを見て、感動して、それを伝えるという、人が俳句に対して持っているモチベーションやプロセスが一茶くんには欠けているのです。このままでは、一茶くんから人への一方通行の情報提供であって、俳句を通しての人との相互作用や共感が生まれてくることはありません。

また、この研究の目指すところは俳句を生成するだけではなく、人工知能に俳句の批評も行わせ、人に交じって句会に参加することです。人と共に吟行(ぎんこう)したり、同じ兼題を共有したりしながら俳句を詠み、批評し合いながら理解と共感を深めていくことが目標です。人が詠んだ俳句のみを教師データとして学習しているだけでは、そもそも根本的にそのようなことが実現できるようになりません。きちんと人と人工知能との相互作用から生まれる互いの変化というものをデータ化し、人工知能の開発にフィードバックするような仕組みが必要になります。

ドイツの生物学者であるユクスキュルが提唱した「環世界」という考え方(ユクスキュル et al., 2005)があります。環世界とは、すべての生き物は自分自身の知覚によってのみ世界を理解しているので、すべての生き物にとって世界は客観的な環境ではなく、生物おのおのが主体的に構築する独自の世界である、という考え方です。俳句の例でいえば、それぞれの人が自分の五感で感じたことのみによって世界を理解しており、すべての人に共通する客観的な世界観が存在しているわけではないということです。

つまり、俳人ごとに独自の世界観が無数に存在し、言葉の橋を通じてその世界観の一部を互いに行き来して理解を広げているのが、俳句の環世界であると解釈することができると思います。そして、それをスムーズに行うための鍵となるのが季語の理解ではないかと思います。もし、この環世界の考え方が俳句にとって重要であるならば、俳句を自らつくる、他人の俳句を評価する、自分の俳句に対する他者の評価を理解するといった相互作用を通して世界の理解の仕方を少しずつ拡張し、自分自身の環世界を豊かにしていくことが必要不可欠になっていくと考えられます。

このような、今の一茶くんに不足している課題設定を解決していくための手段として、私たちはＡＩ俳句協会を設立しました。ＡＩ俳句協会は、インターネットで展開される人と人工知能との交流の場です（AI俳句協会, 2019)。研究者が開発した人工知能で生成された俳句をウェブサイトに投句し、興味がある人に評価してもらったり、コメントをもらったりする機能が実装されています。その機能を通して、人と人工知能が定常的に相互作用し、そのデータを集め、人と人工知能それぞれの環世界の質を高めていけるような場となればと思っています。

今後の希望ですが、私たちだけではなくぜひ他の研究者にも人工知能による俳句研究に参入してほしいと思っています。その際、優劣をつけることが目的ではありませんが、それぞれの人工知能が生成した俳句の良し悪しや特徴をデータ化し、比較することができればより研究が進めやすくなると考えています。また、人の評価、批評が集まることで人工知能による俳句解釈の実現への道筋が見えてくるかもしれません。ロボット研究では、二〇五〇年に人型ロボットでワールドカップ・チャンピオンに勝つことを目標とした「ロボカップ」と呼ばれるロボットサッカーの大会（Kitano, 1998）を通じて技術向上を目指しています。いわばロボカップの俳句版のようなものです。切磋琢磨を通してたくさんのデータが集まることによって、将来的に「強い人工知能」としての一茶くんが実現できる可能性が生まれてくると考えています。そのために、俳句を通しての人と人工知能の相互作用のデータ化が欠かせません。

さらに、この取り組みを通してなぜ人が俳句を詠むのかという深遠な問いへの糸口がつかめるかもしれないと思っています。例えば、俳句に対する人の解釈も一つではなく、経験や人生観、才能によってばらつきがあるはずです。一茶くんの俳句へのたくさんの評価、批評が集まれば、人同士の解釈も比較可能になります。作品への評価というものも、時代による価値観の変化や作品が持つ背景知識の理解の変化によって変わってくるはずです。その評価がどの程度ばらついているのか、どの程度変化するのかといったようなことがわかれば、俳句というものへの理解も深まっていくのではないでしょうか。

このように、俳句を通した人と人工知能の相互作用によって、「強い人工知能」の実現の糸口を掴むだけでなく、人の知能そのものへの理解も深めることができると私たちは信じています。ＡＩ俳句協会は、そのためのプラットフォームと言えるのです。

おわりに

本書では、人工知能と俳句との関わりから現在の人工知能でできることの限界、そして、人工知能が「強い人工知能」になるために考えるべきことについて俳句という切り口から見てきました。俳句を選ぶということについて、高浜虚子は『汀女句集』の序で次のような言葉を残しています。

　選といふことは一つの創作であると思ふ。少くとも俳句の選といふことは一つの創作であると思ふ。

これは、「選は創作なり」とも言われます。たくさんの俳句を詠むことのみならず、そこから良いものを選ぶという行為もまた同じ創作であるという意味です。一茶くんで俳句を生成することはできても、現段階では一茶くんに良い俳句を選ばせることはできません。人が良いものを見繕っている状態です。そういう意味では、これまでの対決で選ばれた俳句は、人工知能と人が協力してつくった共作であるとも理解できます。

人工知能の研究においては、よく身体の必要性について議論がなされます。現実世界に身体を持って世界に働きかけができることが知能の実現に必要かどうかという議論です。これは人工知能

が単体として存在するという前提において、身体性が必要か不必要かという二項対立の議論になりがちですが、このような議論は少し古いのではないかと私たちは思っています。

一茶くんで俳句候補を生成し、人が選を行うといったように、人工知能と人間が調和したシステムとして互いに高め合うようなシステム観がこれからのテクノロジーに求められているのではないでしょうか。人工知能と人間が互いに存在し、相互作用することで不可分なシステムとして成り立っていくという見方です。そうであれば、ロボットや人工知能が人間に置き換えられるとか、人間の仕事を奪うといったような議論にはならないのではないかと思います。

私たちが主に活動している北海道大学の研究室は「調和系工学研究室」という名前です。「調和系工学」という聞きなれない研究室の名前の由来は、人と人工知能が共に社会やシステムの参加者として共存し、不可分な存在として調和しながら全体としての幸福を実現する、そのための技術や概念を研究するということです。本書で紹介した俳句と人工知能のストーリーを通して、人工知能をめぐる新しいシステム観である「調和系」のイメージが皆さんと共有できたのではないかと思っています。調和系による人工知能の実現を目指して、これからも研究を進めていきたいと思っています。

本書では、一茶くんが俳句を「詠む」という表現はせず、一茶くんで俳句を「生成する」という表現を通していたことにお気づきでしたか。ディープラーニングがいくら優れたテクノロジーだからといって、人工知能は今のところ意識や意思を持ちえません。そのため人間のように自ら伝えたいことを持って、自発的に「俳句を詠む」と言えるような存在ではありえないのです。

人工知能が主体となって何かを成しているように表現するのは確かにわかりやすいとは思いますが、人工知能を過度に擬人化してしまうことの延長には神格化があります。そこから、人工知能が人類を滅ぼしたり、世界を壊してしまったりというSF的な想像に繋がっていきます。

今の人工知能はせいぜい「弱い人工知能」であり、特定のタスクに特化されたツールでしかないはずです。ナイフが使い方によって人の役に立ったり、人を傷つけたりするものになるように、この先、私たちが手に入れた人工知能のテクノロジーをどう使っていくのかは私たちの手に委ねられているのです。

一方で人間の知能の秘密を探ることで、自ら考え人間と対等なパートナーになり得る機械を実現することは、私たち人工知能研究者の夢でもあります。その夢の実現のために、俳句という切り口で「現実世界の情報と言葉の相互変換はどのように行うことができるのか」「人の感情や感性とはどのようなものなのか」「人の心を動かすにはどのような働きかけが大事なのか」このようなことを考えながら人工知能の研究を進めています。今はまだ「人工知能で俳句を生成している」段階ですが、いつか「人工知能が俳句を詠む」と言える瞬間を夢見て、さらなる研究を続けていきたいと思っています。

さて、冒頭の俳句クイズに戻りたいと思います。本書を読み進めていった中で皆さんはどう考えたでしょうか。長らくお待たせしたクイズの正解はこちらです。

見送りのうしろや寂し秋の風　松尾芭蕉

病む人のうしろ姿や秋の風　AI一茶くん

芭蕉は「笈の小文」の旅の帰り道で名古屋に滞在中、門人である岡田野水が上方に出発したときに餞別吟としてこの俳句を詠んだと言われています。野水の旅立ちを見送っていると、そのうしろ姿に寂しさが募り、秋風がなお一層身に沁みる。見送られる人よりも見送る人がより一層寂しさを感じるという微妙な心情を表現した句です（松尾芭蕉, 1982）。

一方で、一茶くんの俳句はディープラーニングで学習した過去の言葉からたまたま現れた組み合わせであり、それ以上でもそれ以下でもありません。芭蕉と一茶くんの句に対する解説を知る前と後では、みなさんの俳句に対する評価は変わりましたか。それとも、俳句の作者、解説と俳句の価値は独立で、特に評価は変わりませんでしたか。

実はこの芭蕉と一茶くんのクイズは、金沢で行われた「奥の細道サミット」というシンポジウムにて私たちが人工知能と俳句に関する講演を行った際、若手俳人の若林哲也さんに協力してもらってつくったものです。若林さんは、このペアを選んだ理由を次のように述べています。

俳句では使える言葉の数が限られているので、「心情を他の言葉に託す」ということが意識されます。ゆえに、「寂し」など、心情を直接的に述べることを避けることが多いのです

（もちろん、心情語を用いた秀句もあります）。今回の二句の場合は使われている季語がどちらも「秋の風」でした。季語が、本意・本情として寂しさのイメージを持っているので（二つの「共有知識」ですね）、ある程度俳句をやっている人は、「寂し」は不要だろう、こちらが一茶くんの俳句だろうと思ったのではないでしょうか（註　こういった基準での選を一茶くん自身ができるようになると良いのかも知れませんが、これまた難しいところです）。シンポジウムにお越しいただいた方にお話を伺っていると、引っ掛かったという方が多く、しめしめという気持ちになりました。

知人のちょっとした問いかけから始まった、「人工知能と俳句」という一見関係のなさそうな組み合わせの研究のストーリーをお楽しみいただけたでしょうか。本書を通して、人工知能の最先端やその限界、課題、そして俳句の奥深さや人の本質などについて少しでも皆さんの理解が深まったのなら執筆したかいがあります。いつか一茶くんが俳句を詠む日まで、私たちの研究をあたたかく見守っていただけたら幸いです。

謝辞

本書を結ぶにあたり、ご協力いただいた皆様に心より感謝申し上げます。

二〇一七年六月にＡＩ一茶くんプロジェクトを始めるにあたって、酒井裕司さんにはそのきっかけとなる問いを与えてもらいました。また、石田崇さん、石岡卓也さん、吉田幸弘さん、酒巻季彦さん、小島恵治さん、高橋昭憲さん、北海道大学の伊藤孝行先生とはプロジェクトの目指すべき方向性について議論を重ね、今日に至るまで一茶くんで生成する俳句の質を向上させるために多くのアドバイスをいただきました。

ＮＨＫ「超絶 凄ワザ！」制作チームからは、俳句とは思えない文字列を出力する一茶くんに「超絶 凄ワザ！」出演という貴重な機会をいただきました。この英断が契機となり、一茶くんの性能が飛躍的に向上しました。俳句甲子園ＯＢ、ＯＧの八鍬爽風さん、林佑さん、角田萌さん、中村汐里さん、荒井愛永さんには、番組の準備段階に俳句の選評を行っていただき、一茶くんの完成度を把握することができました。日本伝統俳句協会の坊城俊樹先生、現代俳句協会青年部部長の神野紗希先生、俳句甲子園全国大会審査委員長の関悦史先生には番組で審査員を務めていただき、一茶くんの改善に関する貴重な助言をいただきました。俳句と画像のペアデータの作成に関して、浅井俊行さんにはウェブサイト構築に協力してもらいました。そのウェブサイトを通じて全国の方々に協力していただいたおかげで貴重な教師データを得ることができました。
「超絶 凄ワザ！」の対決で知り合った大塚凱さんにはその後、しりとり対局では対局のコメンテーターとして、「ＡＩ俳句　ＡＩ　ＨＡＩＫＵ」作成の際には選評者として、「人間vsＡＩ」ではＡＩ俳句側の選者として、数多くの場面でご支援をいただきました。また、本書の第7章「ＡＩ一茶くん初俳句集を出す」で紹介している一茶くんの俳句は大塚さんに選句をしていただき、本書の執筆に多大なる貢献をしていただきました。

同様に「超絶 凄ワザ！」の対決で知り合ったマルコボ．コムのキム・チャンヒさん、三瀬明子さんにはしりとり対局、恋の選句王対決の運営でご協力をいただきました。また、季刊誌俳句の缶づめ「今回のＡＩ一茶くん」では一茶くんで生成した俳句を使った企画を行っていただいております。俳句関連の資料を提供していただき、俳句に関する疑問に関して丁寧に教えていただきました。また、豊富な俳句の知識と経験によって、研究を支援し続けていただいております。

しりとり俳句対局では、高須賀あねごさん、門田なぎささん、日暮屋又郎さん、山本哲史さんに人類チームの俳人として参加していただきました。三分間という短い時間の中で、しりとりの条件を満たした俳句を詠むという俳人の底力を見せていただきました。また、大山香雪蘭さん、石川恭子さん、マーペーさん、南行ひかるさん、広瀬ともぞうさんには、しりとり対局の運営にご協力いただきました。しりとり対局は我々にとっては慣れない俳句関連のイベントでしたが、ご支援のおかげで俳句対局を盛況のうちに閉幕することができました。

兼題対決では、籬朱子さん、栗山麻衣さん、福井たんぽぽさん、千貫幹生さん、田島ハルさんに人類チームの俳人として参加していただきました。一茶くんで生成した俳句との対決という慣れない場で素晴らしい俳句を提供していただきました。橋本喜夫さん、頑黒和尚さんは、兼題対決のコメンテーターを務めていただき、一茶くんで生成した俳句の特徴や俳人の方々のつくる俳句との違いを聴衆の方々にわかりやすく伝えていただきました。

五十嵐秀彦さんは、兼題対決を企画し、青山酔鳴さんと運営に携わっていただきました。特に五十嵐秀彦さんは、人が俳句をつくるということを理解するために、人を人工知能に代替して俳句づくりや俳句鑑賞を再考するということをなされており、私たちの人工知能による俳句生成に関する議論を大いに刺激していただきました。

吉成香織さんには、北海道立文学館の特別展「北海道の俳句〜どこから来て、どこへ行くのか〜」に一茶くんのデモシステムを出展した際、設置や運用に関してご支援をいただきました。そのお陰で会期中にトラブルなく、来場者の方々に一茶くんのデモシステムをお見せすることができました。

音無早矢さん、村上海斗さんにはしりとり対局や兼題対決の一茶くんチームの選句担当として、一茶くんで生成した俳句群からの選句を行っていただきました。的確な選句をしていただいたお陰で、俳人の方々との熱戦を繰り広げることができました。

恋の俳句選句大会では、三瀬未悠さんに選んでいただいた句「**初恋の焚火の跡を通りけり**」が最優秀となりました。この句は一茶くんの生成した優れた俳句の事例として、いろいろな媒体で取り上げられています。

「1億人の大質問!?笑ってコラえて!」の俳句バトルでは、俳句王子で知られる高柳克弘さんに選句を担当していただき、対比の効いた単語の組み合わせの重要性を教えていただきました。また、井上将司さん、新井万季さん、藁科啓さんには、一茶くんのわかりやすい解説を放映していただいただけではなく、本書に掲載する関連資料に関して多くのアドバイスをいただきました。

宮元陸加賀市長には加賀市役所主催の芭蕉祭山中温泉全国俳句大会に招いていただきました。俳句大会に一茶くんが初めて参加する貴重な機会となりました。また、この俳句大会で審査員を務められていた駒形隼男さん、中西石松さん、三谷道子さん、山たけしさん、松本詩葉子さんには、投句した俳句に対して多くのコメントをいただき、俳句生成機能や教師データの改善の指針を得ることができました。

若林哲也さんには本書の冒頭でも用いた「奥の細道サミット」での俳句クイズを作成してもらいました。また、山中温泉俳句大会にて風景画像にマッチする俳句を選句していただきました。

吉竹純さんには、著書『日曜俳句入門』(岩波新書)にて一茶くんの取り組みを取り上げていただき、俳人の立場から好意的なコメントをいただきました。また、本書のタイトルを決める際にも貴重なご意見をいただきました。

北海道教育大学の臼井栄三先生からは、コピーライター、マーケター、現役の俳人といういろいろな観点から、AI俳句で人に感動を起こすためのアドバイスをいただきました。

東京大学の松原仁先生からは、一茶くんプロジェクトの初期から「コンピュータ将棋」や「きまぐれ人工知能プロジェクト作家ですのよ」で得られた経験に基づくアドバイスを数多くいただきました。また、ＡＩ俳句協会の会長として、多くの講演で一茶くんの紹介、普及に協力していただきました。

慶應義塾大学の栗原聡先生には、一茶くんの取り組みに関する議論に付き合っていただいただけでなく、「ぱいどん」に関する資料を提供していただきました。

札幌市立大学の中島秀之学長、大阪大学の浅田稔先生、中部大学の津田一郎先生、広島大学の大倉和博先生、東京大学の鳥海不二夫先生、はこだて未来大学の鈴木恵二先生、ＮＰＯ法人全脳アーキテクチャ・イニシアティブの山川宏さんからは拙著の執筆にあたって人工知能研究の観点から示唆に富む数多くのコメントをいただきました。

北海道大学情報基盤センターの棟朝雅晴先生、杉木章義先生には、一茶くんを稼働させている人工知能対応先進的計算機システムの利用に関してご指導をいただきました。一億句を超える俳句を生成することができるようになり、俳句数という観点では人間の能力を大きく超えることができました。

ＡＩ俳句協会のウェブサイトの構築では、吉田博紀さん、山田博之さん、阿部圭一郎さんにご協力いただきました。

今野陽子さんには、書道の腕を生かして、しりとり対局の投句や俳句集「ＡＩ俳句　ＡＩ

ＨＡＩＫＵ」の俳句の筆書きを担当していただきました。

北海道大学調和系工学研究室の米田航紀さん、高橋遼さん、平田航大さんには一茶くんのプログラム作成や実験など、研究を進めるうえでの協力をしてもらいました。早坂扶由子さんには日々のさまざまな事務サポートをしていただきました。小沢史小里さんには本書執筆にあたってスケジュール管理、文章推敲、資料集めなど一番大変な作業を一手に引き受けてもらいました。

オーム社の皆さんには、本書の執筆にあたり数多くのアドバイスをいただき、なんとか脱稿から発行までたどり着くことができました。

ここでは書ききれませんが、他にも専門性や分野を超えたたくさんの皆様の協力のおかげでここまでたどり着くことができました。改めて感謝申し上げるとともに、引き続き一茶くんプロジェクトをあたたかく見守っていただけたらと思います。

付録　AI俳句百句選

梅咲くや外は何處も日和山
吊革に埋もれて春が立つのです
梅ひらく朝の水まだ冷えてゐて
男根と膝を並べてふきのたう
国分寺跡地虫出づ微かなり
梅咲くや根岸は水もうまかった
沈みゆく春のはじめの小屋なるか
西方の街がまぶしい桃の花
眼のうつろ春立つ空に雲のゆく
母でなし花瓶に水を遊ばせて
逃げ水の終りは石を崩しけり
自動車のまわりかがやく山ざくら

捨てられてこの世の花になりすまし
身一つは鳥の如し春の夜
菫咲く塀のむかふに日のさせば
陽炎の中なる婆と別れけり
陽炎にまぎれなかりし父の杖
春風や人の睡れる石だたみ
起きあがることにはじまるチューリップ
目に見ゆるもの皆花のやわらかし
半鐘やまなじりふかく春の雨
桜蕊降る舌打ちの力かな
虹読んだ本の多くて美しく
鈴懸の五月の雨を聞き澄まし
洗ひ髪森の匂ひを失はず
さみだれや貝がらなどの跡すこし
うなだれて麦藁帽はふるへ居り

昼顔の中でかすかに妻が泣く

言ふなれば睡魔のごとく蟻の道

撒き水のあとかたもなき蟻地獄

切り株のような女が二人灼け

新緑にこゑ鋭角を張り連ね

麦の穂のしづかなるかな跫音も

熟麦のうしろのものは皆動く

夢のごと蛇のごとくに飛び入りぬ

老人は蚊帳に目をやる物語

あだし野はうしろ姿の衣更

鼻筋の見えをりながら麻を着て

しだり尾もさみしかりけり夏木立

夏山は雲立ち崩れ静かかな

毛虫焼く焔の上の時刻表

水深く泉の玉をひとつづつ

夏草や雲も破れて流れ去る
たらちねの歌わたりくる虹の下
ちぎり絵の日だまり歩く舞扇
雲海の風が自在に立ち上り
風さそふ河のみどりや夏やせて
心太からだを固く握りしめ
七夕の母の寝息を告げにけり
散りぬればうねりかすかに蝉の殻
万緑の立ちふさがるを細目に見
燦爛と錨がくだる油照り
汗垂れて俯向いてゐる男衆
雨ながら西日さしこむ海の上
迎鐘撞いてあやふき雨となり
盆過ぎの風の行方や潦
はらごが飛んで八月十五日

夢に見るただの西瓜と違ひなく

秋水に浮べるものは散り尽くし

けふもまた反古ばかりして句を瓢

月を見る事にはじまる討たれ役

岬は鼻成吉思汗を大切に

牛小屋のまつくらがりに野分かな

野分あといくたび足を洗ひをり

みだるるは萩のみどりの思ひかな

西行の爪の長さや花野ゆく

コスモスを挿してそのまま渚まで

耳もとで息がするので草の花

秋の風即身仏に逢ひたくて

天高し泣くも笑ふもほとけたち

飲食やものの影引く秋の暮

藁塚のがんじがらめのわらべ唄

現し身を包むいろはも天の川

天の川砂の即ちさびしさに

暮れてなほ海鳴るごとし吾亦紅

遠く住む山鳥がゐて木曾の冬

見えてゐて人やわらかに時雨して

引きとめて冬眠せんと思ひしが

ことに呼ぶ電気毛布の一つかみ

落葉が船のかたちに休むなり

戦艦のけむりのような鴎ども

枯原にとりまかれゐて眼の光る

前髪は並べて寝かせ細雪

雪ふれば孔雀かすかに啼きながら

蹼の置きどころなき冬景色

雪吊のたつぷりとして日当れり

気がつけば枯木のやうなものが飛ぶ

外套につつまれた顔続きをり
交番で時計を覗き年の市
鯛焼のやうな市電が美しく
煮凝や耳の奥より真夜の声
冬の月眼鏡はづしてまなこ澄む
あかときのひかりのなかの湯ざめかな
水涕や言葉少なに諏訪の神
狐火の舌なめらかにわかれけり
内臓が一つ大きい寒の星
岩厚き冬の日あたるところにゐ
末枯や待たされてゐる犬の顔
大粒に日が射し落ちて雪の上
真ん中を歩きみんなで春を待つ

※現代仮名遣いと歴史的仮名遣いが混淆していますが、人間による修正を加えないことを重視して原文ママで掲載しています。

選者あとがき

とにかく「ＡＩ俳句」というと、次のような批判を受けることがしばしばある。――ＡＩが生成した俳句を読んで何の意味があるのか？

確かに、書き手に近代的な主体の存在を仮構してこれらの俳句作品を楽しむことは困難であろうが、そもそも「ＡＩ俳句」は「俳句」のために存在しているわけではない。この取り組みからは「知」に迫る研究の有り様を垣間見ることができるし、私も本書を通し、一読者としてその過程を追体験した。

他方で、人工的に生成されたものであろうとテクストとして面白い作品に出会うことができるし、私はこれまでに数万句のＡＩ俳句作品に目を通しているが、時を経てその書きぶりが大きく変化していることも実感する。明らかに「ＡＩ一茶くん」独特の表現の「クセ」も生じている。ＡＩの存在は俳句作品を均質化するのではなく、むしろ相対化するだろう。

膨大なＡＩ俳句作品を読んでいると、これまで生身の詠み手がいたからこそ見逃してきたことの数々を、嫌でも見つめなければならなくなる。他者という理解しえない存在が編んだテクストを読むことの虚しさを、純粋な虚しさとして、改めて胸に抱く。

俳句を愛する一人の人間として思う。――我々はそもそも「俳句」そのものに何の意味があると、勝手に思い込んできたのだろうか?

二〇二一年仲夏　俳人　大塚凱

【選者プロフィール】
一九九五年、千葉生まれ。俳句同人誌「群青」を経て無所属。第7回石田波郷新人賞、第2回円錐新鋭作品賞夢前賞。イベントユニット「真空社」社員。生駒大祐とともに俳句同人誌「ねじまわし」を発行。

付録　ＡＩ一茶くんのメディア掲載

さまざまなメディアで一茶くんを取り上げていただいていますが、その中で新聞、雑誌に紹介された事例を紹介します。

読売新聞東京版、二〇一八年六月二日、「一茶や子規五万句お手本」

開発中の一茶くんを紹介していただくとともに、一茶くんで生成した「湖にうつる紅葉や窓の前」「鳴き捨てし身のひらひらと木瓜の花」という句を紹介していただきました。

読売新聞、二〇一九年八月二〇日、「ＡＩの俳句批評願います」

こちらでは、ＡＩ俳句協会の結成とホームページの開設を伝えていただきました。また、一茶くんで生成した「てのひらを隠して二人日向ぼこ」「初恋の焚火の跡を通りけり」という句を紹介していただきました。

日本経済新聞、二〇二〇年一月三日、「意思なき創造最後は人」

シナリオ生成やアニメーション制作の支援といった国語・美術（表現）の分野での人工知能の活躍

を紹介する中で、一茶くんの現状を紹介していただきました。一茶くんで生成した「かなしみの片手開いて渡り鳥」「朝シャンのやうな顔して冴え返る」「撒くといういふ言葉正して花見ゆる」という句を紹介していただきました。

朝日新聞、二〇二〇年一月四日、「天声人語　AI一茶の名句駄句」

こちらは、朝日新聞社論説委員の山中季広さんに一茶くんの仕組みを取材いただくとともに、実際に一茶くんの俳句から選句を体験してもらい、その経緯をまとめてもらいました。実際に天声人語に掲載された内容は次の通りです。

〈初釜やいまぞ生きよと富士の土〉〈空青く子供育てし注連（しめ）飾り〉。新年にふさわしい句である。詠んだのは一茶。と言っても江戸期に活躍した俳人ではない。俳句を詠む人工知能「AI一茶くん」である。

北海道大学の川村秀憲（ひでのり）教授（46）が3年前に開発した。江戸から現代まで古今の名句と、季語にちなむ写真を覚えこませた。句題か写真を示すとそれに即した俳句を詠むことができる。

当初は平仮名しか使えず、俳句の体をなさなかった。〈かおじまい　つきとにげるね　ばななななな〉。それでも何十万もの既存の句を学び続け、3カ月で味わい深い句を詠むようになった。〈又（また）一つ風を尋ねてなく蛙（かえる）〉。

近作には目を見張るものがある。〈強霜（つよしも）に日のさす如（ごと）し磯の人〉。驚くのはその数だ。1時間に14万もの句を作り出す。「残念ながら玉石混合です。だれか人の手を借りて選ばないと、多すぎて句会が台無しになります」と川村教授。

今回、当欄の求めで届いた新年詠は、冒頭の2句を含む3758作品。読みながら考えたのは、人間とAIのあるべき関係のことだ。将棋で名人を打ち負かしたとか、多くの職を人から奪うとか。それでも将来、十分に共存し、助け合える領域が実はかなりあるのではないか。

〈初釜やひそかに灰の美しく〉。当方が心奪われた一茶くんの作品だ。新年の茶の湯という華やかな場で、あえて灰の美を詠む。かと思うとこんな句もある。〈パン高値眠れるに似し福寿草〉。成長が楽しみでならない。

俳壇、二〇一九年六月号、本阿弥書店

特別企画「どう思う？AI俳句」では、俳人の方々の人工知能が生成する俳句への捉え方について紹介されています。五十嵐秀彦さんは「AI俳句が問いかけること」という論考で、人工知能による俳句の取り組みを踏まえて、人間が言葉の意味を理解する、選句する、鑑賞をするといった意味を論じています。後藤章さんは「AI俳句と造形論」で俳人の金子兜太の造形論を踏まえ、人工知能による俳句を位置付けています。堀切克洋さんは「正岡子規人工知能説」で人工知能となった正岡子規の存在を通じて、俳句における人間の「死」の重要性を述べています。山田真砂年さんは「鉄腕アトムと句会する」で、鉄腕アトムがつくった俳句に共鳴できるのかということを論じつつ、人工知能による俳句への期待と恐れを述べています。

現代俳句、令和元年八月号、現代俳句協会

俳人の栗林浩さんが「解説―AI俳句とその周辺」という解説記事の中で、これまでの俳句の自動生成を振り返りつつ、一茶くんの生成した俳句を紹介しています。また、現在の人工知能の発展状況、人工知能による俳句への否定論や「第二芸術論」についての解説を行い、今後の人工知能による俳句への期待を述べています。

月刊俳句界、二〇一九年十二月号、文學の森

特集「AIと作句の戦い」の中で、人工知能による俳句の現状として、一茶くんで生成した三十句と生成の仕組みや学習データについて紹介していただきました。また、俳人の後藤章さんが「論考～AI俳句を展望する」のなかで、人工知能俳句の帰属問題について大塚凱さんが選句と選評を行った俳句集「AI俳句　AI　HAIKU」を取り上げています。また、今後の人工知能と俳句に関する未来を、人工知能による句会の変容という視点や人工知能のツール化という視点から論じています。さらに「エッセイ～AI俳句について思うこと」では、関悦史さん、榮猿丸さん、松本

てふこさん、加藤右馬さん、大塚凱さんが人工知能俳句に対する意見を寄稿しています。

鷹、第五六巻第一二号（二〇一九年十二月五日発行）、鷹俳句会

俳人の大西朋氏が「俳句時評　人工知能が俳句を作るということ」の中で、人工知能による俳句の取り組みやその周辺の議論を取り上げています。人工知能研究者の家人の意見を交えつつ、人工知能俳句を新たな文化の一面として捉えて、今後の俳句界のあり方について言及しています。

最後に、専門誌以外において一茶くんが取り上げられた事例も紹介します。

令和元年版科学技術白書、文部科学省

科学技術白書の身近な科学技術の成果に関するコーナーで、人工知能俳句の意義や俳句生成の仕組みが取り上げられています。また、一茶くんで生成した「白鷺の風ばかり見て畳かな」を始めとする十句と共に俳人の大塚凱さんの選句選評を紹介しています。

吉竹純、『日曜俳句入門』、岩波書店、二〇一九

「なぜＡＩ俳句を詠もうと考えたのか」から始まり、「超絶凄ワザ！」での一茶くんの初舞台、松山の俳人チームとのしりとり対局、初句集、そしてＡＩ俳句協会の設立について紹介していただい

ています。人工知能俳句と関わることで言葉に対する理解がより深まり、発想、取り合わせに刺激を受けるとまとめています。

『ゼロからわかる人工知能 増補第2版』、ニュートン別冊、二〇二〇

人工知能による俳句の意義や一茶くんによる俳句生成の仕組み、利用している学習データについての解説を掲載していただきました。また、一茶くんで生成した「**唇のぬくもりそめし桜かな**」をはじめとする俳句を紹介していただきました。

『見る、解く、納得！公民資料２０２１』（中学校向け「公民」副教材）、**東京法令出版、二〇二〇**

世の中で活躍する人工知能の一つとして、一茶くんが紹介されています。一茶くんで生成した「**蕎麦の芽の吹き込んで行く入日かな**」という俳句を取り上げ、中七の「吹き込む」の対象を明示的にし、「**蕎麦の花いのち吹き込む入日かな**」としてはどうかという人間側からのアドバイスを紹介しています。

俳句の缶づめ「今回のＡＩ一茶くん」

終わりに、一茶くんで生成された俳句の利用事例について紹介します。「超絶 凄ワザ！」への出演を契機として知り合ったマルコポ．コム社が季刊発行している『俳句の缶づめ』に、二〇一九年十月号から一茶くんの俳句が掲載されています。

『俳句の缶づめ』では、読者が投稿した俳句を掲載し、掲載された俳句の中から読者が良いと思った俳句に投票して、次号でその結果を公開するというコーナーがあります。投稿を受け付ける俳句の兼題は誌面上で毎号公開され、読者がその兼題に沿った俳句を投句すると、作者を伏せて掲載されます。その後、読者は掲載された句に対して、良いと思った句を一句選んで投稿します。ある俳句を良いと思った投稿数がその俳句の得点となり、次号で獲得した得点と選評が記載されます。

このコーナーには、一茶くんで生成した俳句が毎号掲載されています。これまでに一茶くんで生成した俳句の中から、指定された季語を含み、一茶くんで俳句として意味が通る確率が高いと推定された百句を掲載する俳句の候補としています。この百句の中から掲載に足る良い俳句を一茶くんで選ぶことは残念ながらまだできないので、『俳句の缶づめ』の編集者のキム・チャンヒさんらが一句を選んで掲載しています。一茶くんで生成しキムさんが選んだ俳句は、他の投稿された俳句と同様に作者を伏せて掲載されます（二〇二〇年十月号からは五十句からキムさんが選句する方式に変わりました）。

また、「今回のＡＩ一茶くん」というコーナーでは、素性を隠して掲載された一茶くんの句を読者が当てるという企画が行われています。これまでに掲載された一茶くんの俳句に関して、兼題、獲得した得点と一茶くんでつくった俳句を見破った人数を紹介します。

二〇一九年十月号　兼題「令」

歩く子の号令多し文化の日　　無点　見破った人一名

二〇二〇年一月号　兼題「紅葉」
人の影清らかに咲き草紅葉　　一点　見破った人一名

二〇二〇年四月号　兼題「鶴」
さみしさをゆたかに鶴の眠りけり　　四点　見破った人二名

二〇二〇年七月号　兼題「黄砂」
黄砂見て麒麟の首をひとつづつ　　二点　見破った人四名

二〇二〇年十月号　兼題「金魚」
人形の一つ見てゐる金魚かな　　二点　見破った人三名

毎号七十人前後の方々がこの企画に挑戦し、一茶くんの俳句を当てようとしています。ということは、毎回一茶くんの俳句を当てられなかった人が六十人以上いることになります。全員に見破られないところまでは至っていませんが、なかなか立派な成績を残していると言えるのではないでしょうか。また、キムさんの選句には依存していますが四点を獲得している句もあるので、これは評価に値すると言えます。

二〇二〇年四月号には、特別企画「打倒！一茶くん」というタイトルで、一茶くんの俳句の見破り方が掲載されました。見破り方を指南しているのは、「恋の選句王大会」のチャンピオンの三瀬未悠さんです。

三瀬さんは一茶くんの句の特徴として、言葉を意味通りには使わない、一句を通して一つのストーリーを描かない、作者の感情がわかりにくい、表記にこだわりがない、という点を挙げています。この指摘は的確に一茶くんの特徴を捉えていると思います。現状の教師データの量では単語によっては出現回数が少ないため、学習が不十分である可能性があります。そのような単語を使ってしまった場合には人の使い方とは異なってしまい、言葉を意味通りには使わない、表記にこだわりがないといったことが起こると考えられます。そのあたりが俳人から見るとまだまだのようです。

また、人が俳句を詠む場合には、作者の感情を動かした伝えたい何かがあり、それを伝えるために俳句を詠みますが、一茶くんには感情も、伝えたい何かも実現されてはいません。ディープラーニングによる賢いサイコロを振って文字列を生成しているだけです。そのため、一句を通して一つのストーリーを描かない、作者の感情がわかりにくい、という印象を与えてしまっています。人も俳句を読んでいるだけでは俳句が上達しないように、一茶くんの俳句の生成機能にも俳句以外のデータを使い、いろいろな文章を学習させる必要があると考えています。ごく稀にしか俳句の中に現れない希少語を適切に扱うためには、複数のタスクに共通する情報を学習するメタ学習のアプローチが有効であると考えています。

残念ながら、まだ一茶くんで生成した俳句は、読者全員に人工知能と気づかせずに最多得点を獲得するには至っていません。しかし、人工知能の研究者ではない俳人の方々に毎回評価をしていただく機会をいただけるのは大変光栄なことです。一茶くんの技術的な課題はまだまだ多く残っていますが、俳句雑誌の読者に楽しんでいただけることを嬉しく思っています。

of Deep Bidirectional Transformers for Language Understanding. *NAACL HLT 2019 - 2019 Conference of the North American Chapter of the Association for Computational Linguistics: Human Language Technologies - Proceedings of the Conference*, 1, 4171–4186. http://arxiv.org/abs/1810.04805

Everingham, M., Van Gool, L., Williams, C. K. I., Winn, J., & Zisserman, A. (2010). The pascal visual object classes (VOC) challenge. *International Journal of Computer Vision*, 88(2), 303–338. https://doi.org/10.1007/s11263-009-0275-4

Ford, M. (2018). Architects of Intelligence: The Truth about AI from the People Building it. Packt Publishing Limited.

Francis, B. (2012). 日本語 WordNet. http://compling.hss.ntu.edu.sg/wnja/index.ja.html

GitHub — google/deepdream. (2015, August 12). https://github.com/google/deepdream

Good, I. J. (1966). Speculations Concerning the First Ultraintelligent Machine (F. L. Alt & M. Rubinoff (Eds.); Vol. 6, pp. 31–88). Elsevier. https://doi.org/10.1016/S0065-2458(08)60418-0

Goodfellow, I., Bengio, Y., & Courville, A. (2016). Deep Learning. MIT Press. https://www.deeplearningbook.org/

GPT-2: 6-Month Follow-Up. (2019, August 20). https://openai.com/blog/gpt-2-6-month-follow-up/

Harnad, S. (1990). The symbol grounding problem. *Physica D: Nonlinear Phenomena*, 42(1), 335–346. https://doi.org/10.1016/0167-2789(90)90087-6

He, K., Gkioxari, G., Dollar, P., & Girshick, R. (2017). Mask R-CNN. *Proceedings of the IEEE International Conference on Computer Vision (ICCV).*

Hinton, G. E., & Salakhutdinov, R. R. (2006). Reducing the Dimensionality of Data with Neural Networks. *Science*, 313(5786), 504–507. https://doi.org/10.1126/science.1127647

Hochreiter, S., & Schmidhuber, J. (1997). Long Short-Term Memory. *Neural Computation*, 9(8), 1735–1780. https://doi.org/10.1162/neco.1997.9.8.1735

Huval, B., Wang, T., Tandon, S., Kiske, J., Song, W., Pazhayampallil, J., Andriluka, M., Rajpurkar, P., Migimatsu, T., Cheng-Yue, R., Mujica, F. A., Coates, A., & Ng, A. (2015). An Empirical Evaluation of Deep Learning on Highway Driving. *ArXiv*, abs/1504.0.

参考文献

100年後、小説家はいらなくなるか?——AIを使った小説生成プロジェクト「作家ですのよ」メンバーに聞く | P+D MAGAZINE. (2017, May 9). https://pdmagazine.jp/background/sakka-desunoyo/

Adams, S., Arel, I., Bach, J., Coop, R., Furlan, R., Goertzel, B., Hall, J. S., Samsonovich, A., Scheutz, M., Schlesinger, M., Shapiro, S. C., & Sowa, J. (2012). Mapping the Landscape of Human-Level Artificial General Intelligence. *AI Magazine*, 33(1 SE-Articles), 25–42. https://doi.org/10.1609/aimag.v33i1.2322

AI俳句協会. (2019). https://aihaiku.org/

Alec, R., Karthik, N., Tim, S., & Ilya, S. (2018). Improving Language Understanding by Generative Pre-Training. https://cdn.openai.com/research-covers/language-unsupervised/language_understanding_paper.pdf

Badia, A. P., Piot, B., Kapturowski, S., Sprechmann, P., Vitvitskyi, A., Guo, Z. D., & Blundell, C. (2020). Agent57: Outperforming the Atari Human Benchmark. In H. D. III & A. Singh (Eds.), *Proceedings of the 37th International Conference on Machine Learning*, 119, 507–517. PMLR. http://proceedings.mlr.press/v119/badia20a.html

Bellemare, M. G., Naddaf, Y., Veness, J., & Bowling, M. (2013). The Arcade Learning Environment: An evaluation platform for general agents. *Journal of Artificial Intelligence Research*, 47, 253–279. https://doi.org/10.1613/jair.3912

Brown, T. B., Mann, B., Ryder, N., Subbiah, M., Kaplan, J., Dhariwal, P., Neelakantan, A., Shyam, P., Sastry, G., Askell, A., Agarwal, S., Herbert-Voss, A., Krueger, G., Henighan, T., Child, R., Ramesh, A., Ziegler, D. M., Wu, J., Winter, C., … Amodei, D. (2020). Language Models are Few-Shot Learners. *ArXiv*. http://arxiv.org/abs/2005.14165

Campbell, M., Hoane, A. J., & Hsu, F. H. (2002). Deep Blue. *Artificial Intelligence*, 134(1–2), 57–83. https://doi.org/10.1016/S0004-3702(01)00129-1

Chatterjee, A. (2010). Neuroaesthetics: A Coming of Age Story. *Journal of Cognitive Neuroscience*, 23(1), 53–62. https://doi.org/10.1162/jocn.2010.21457

Chilamkurthy, S., Ghosh, R., Tanamala, S., Biviji, M., Campeau, N. G., Venugopal, V. K., Mahajan, V., Rao, P., & Warier, P. (2018). Deep learning algorithms for detection of critical findings in head CT scans: a retrospective study. *The Lancet*, 392(10162), 2388–2396. https://doi.org/10.1016/S0140-6736(18)31645-3

Devlin, J., Chang, M.-W., Lee, K., & Toutanova, K. (2018). BERT: Pre-training

Mnist, 2.

Lederberg, J. (1987). How DENDRAL Was Conceived and Born. *Proceedings of ACM Conference on History of Medical Informatics*, 5–19. https://doi.org/10.1145/41526.41528

Lee, P. (2016, March 25). Learning from Tay's introduction - The Official Microsoft Blog. https://blogs.microsoft.com/blog/2016/03/25/learning-tays-introduction/

Macaulay, T. (2020, October 7). Someone let a GPT-3 bot loose on Reddit — it didn't end well. https://thenextweb.com/neural/2020/10/07/someone-let-a-gpt-3-bot-loose-on-reddit-it-didnt-end-well/

McCarthy, J., Minsky, M. L., Rochester, N., & Shannon, C. E. (2006). A Proposal for the Dartmouth Summer Research Project on Artificial Intelligence, August 31, 1955. *AI Magazine*, 27(4), 12. https://doi.org/10.1609/aimag.v27i4.1904

McCulloch, W. S., & Pitts, W. (1943). A logical calculus of the ideas immanent in nervous activity. *The Bulletin of Mathematical Biophysics*, 5(4), 115–133. https://doi.org/10.1007/BF02478259

Mikolov, T., Chen, K., Corrado, G., & Dean, J. (2013). Efficient Estimation of Word Representations in Vector Space. In Y. Bengio & Y. LeCun (Eds.), *1st International Conference on Learning Representations, (ICLR) 2013*, Scottsdale, Arizona, USA, May 2-4, 2013, Workshop Track Proceedings. http://arxiv.org/abs/1301.3781

Mnih, V., Kavukcuoglu, K., Silver, D., Graves, A., Antonoglou, I., Wierstra, D., & Riedmiller, M. A. (2013). Playing Atari with Deep Reinforcement Learning. *CoRR*, abs/1312.5. http://arxiv.org/abs/1312.5602

Moore, G. E. (2009). Cramming more components onto integrated circuits, *Reprinted from Electronics*, volume 38, number 8, April 19, 1965, pp.114 ff. *IEEE Solid-State Circuits Society Newsletter*, 11(3), 33–35. https://doi.org/10.1109/n-ssc.2006.4785860

Mordvintsev, A. (2015, June 16). Google AI Blog: Inceptionism: Going Deeper into Neural Networks. https://ai.googleblog.com/2015/06/inceptionism-going-deeper-into-neural.html

Nakagaki, T., Yamada, H., & Tóth, Á. (2000). Maze-solving by an amoeboid organism. *Nature*, 407(6803), 470. https://doi.org/10.1038/35035159

NPO法人俳句甲子園実行委員会. (2019). 第22回 俳句甲子園 開催要項. http://www.haikukoushien.com

Pang, J., Chen, K., Shi, J., Feng, H., Ouyang, W., & Lin, D. (2019). Libra R-CNN:

Jackson, F. (1982). Epiphenomenal Qualia. *Philosophical Quarterly*, 32, 127–136. https://doi.org/10.2307/2960077

Jackson, F. (1986). What Mary Didn't Know. *The Journal of Philosophy*, 83, 291–295. https://doi.org/10.2307/2026143

Jonathan, S. (1801). The Works of the Rev. Jonathan Swift, Volume 6. https://en.wikisource.org/wiki/The_Works_of_the_Rev._Jonathan_Swift/Volume_6

Kitano, H. (Ed.). (1998). RoboCup-97: Robot Soccer World Cup I. In *RoboCup*, Vol. 1395. Springer.

kmeme: GPT-3 Bot Posed as a Human on AskReddit for a Week. (2020, October 6). https://www.kmeme.com/2020/10/gpt-3-bot-went-undetected-askreddit-for.html

Krafcik, J. (2020, October 8). Waypoint - The official Waymo blog: Waymo is opening its fully driverless service to the general public in Phoenix. https://blog.waymo.com/2020/10/waymo-is-opening-its-fully-driverless.html

Krizhevsky, A., Sutskever, I., & Hinton, G. E. (2012). ImageNet Classification with Deep Convolutional Neural Networks. *Proceedings of the 25th International Conference on Neural Information Processing Systems* - Volume 1, 1097–1105.

Krogh, A. (2008). What are artificial neural networks? *Nature Biotechnology*, 26 (2), 195–197. https://doi.org/10.1038/nbt1386

Kudo, T., & Richardson, J. (2018). SentencePiece: A simple and language independent subword tokenizer and detokenizer for Neural Text Processing. *Proceedings of the 2018 Conference on Empirical Methods in Natural Language Processing: System Demonstrations*, 66–71. https://doi.org/10.18653/v1/D18-2012

Kurzweil, R. (2005). The singularity is near : when humans transcend biology. Viking.

Lamb, A., Clanuwat, T., & Kitamoto, A. (2020). KuroNet: Regularized Residual U-Nets for End-to-End Kuzushiji Character Recognition. *SN Computer Science*, 1(3), 177. https://doi.org/10.1007/s42979-020-00186-z

Le, Q. V, Ranzato, M., Monga, R., Devin, M., Chen, K., Corrado, G. S., Dean, J., & Ng, A. Y. (2012). Building High-Level Features Using Large Scale Unsupervised Learning. *Proceedings of the 29th International Coference on International Conference on Machine Learning*, 507–514.

LeCun, Y., Cortes, C., & Burges, C. J. (2010). MNIST handwritten digit database. ATT Labs [Online]. Available: Http://Yann.Lecun.Com/Exdb/

1522. https://doi.org/10.1126/science.1144079

Searle, J. R. (1980). Minds, brains, and programs. *Behavioral and Brain Sciences*, 3(3), 417–424. https://doi.org/10.1017/S0140525X00005756

Shankar, V., Roelofs, R., Mania, H., Fang, A., Recht, B., & Schmidt, L. (2020). Evaluating Machine Accuracy on ImageNet. In H. D. III & A. Singh (Eds.), *Proceedings of the 37th International Conference on Machine Learning*, 119, 8634–8644. PMLR. http://proceedings.mlr.press/v119/shankar20c.html

Silver, D., Huang, A., Maddison, C. J., Guez, A., Sifre, L., van den Driessche, G., Schrittwieser, J., Antonoglou, I., Panneershelvam, V., Lanctot, M., Dieleman, S., Grewe, D., Nham, J., Kalchbrenner, N., Sutskever, I., Lillicrap, T., Leach, M., Kavukcuoglu, K., Graepel, T., & Hassabis, D. (2016). Mastering the game of Go with deep neural networks and tree search. *Nature*, 529 (7587), 484–489. https://doi.org/10.1038/nature16961

Simon, H. A., & Newell, A. (1958). Heuristic Problem Solving: The Next Advance in Operations Research. *Operations Research*, 6(1), 1–10. http://www.jstor.org/stable/167397

Sutton, R. S., & Barto, A. G. (2018). Reinforcement Learning: An Introduction. A Bradford Book.

The Next Rembrandt. (2016). https://www.nextrembrandt.com/

Tung, L. (2016, March 24). MS、AIチャットボット「Tay」を停止ーヒトラー擁護など不適切なツイートの投稿でー. CNET Japan. https://japan.cnet.com/article/35080128/

TURING, A. M. (1936). On computable numbers, with an application to the Entscheidungsproblem. *Proceedings of London Mathemutical Society*, No. 42, 230–265. https://doi.org/10.1112/plms/s2-42.1.230

van Melle, W. (1978). MYCIN: a knowledge-based consultation program for infectious disease diagnosis. *International Journal of Man-Machine Studies*, 10 (3), 313–322. https://doi.org/10.1016/S0020-7373(78)80049-2

Vinge, V. (1993). The Coming Technological Singularity: How to Survive in the Post-Human Era. In NASA (Ed.), *Vision-21: Interdisciplinary Science and Engineering in the Era of Cyberspace*, 10129, 11–22. NASA Lewis Research Center. https://edoras.sdsu.edu/~vinge/misc/singularity.html

Vinyals, O., Toshev, A., Bengio, S., & Erhan, D. (2015). Show and tell: A neural image caption generator. *2015 IEEE Conference on Computer Vision and Pattern Recognition (CVPR)*, 3156–3164. https://doi.org/10.1109/CVPR.2015.7298935

Towards Balanced Learning for Object Detection. *2019 IEEE/CVF Conference on Computer Vision and Pattern Recognition (CVPR)*, 821–830. https://doi.org/10.1109/CVPR.2019.00091

Princeton University (2021). WordNet | A Lexical Database for English. https://wordnet.princeton.edu/

Quoc V. Le, & Mike Schuster (2016, September 27). Google AI Blog: A Neural Network for Machine Translation, at Production Scale. https://ai.googleblog.com/2016/09/a-neural-network-for-machine.html

Radford, A., Wu, J., Child, R., Luan, D., Amodei, D., & Sutskever, I. (2019). Language Models are Unsupervised Multitask Learners. https://cdn.openai.com/better-language-models/language_models_are_unsupervised_multitask_learners.pdf

Ramish, Z. (2019, November 10). Apple A13 For iPhone 11 Has 8.5 Billion Transistors, Quad-Core GPU. https://wccftech.com/apple-a13-iphone-11-transistors-gpu/

Reichardt, J. (Ed.). (1968). Cybernetic Serendipity: The Computer and the Arts. Studio International Foundation. https://www.studiointernational.com/index.php/cybernetic-serendipity-the-computer-and-the-arts

Ren, R., Hung, T., & Tan, K. C. (2018). A Generic Deep-Learning-Based Approach for Automated Surface Inspection. *IEEE Transactions on Cybernetics*, 48(3), 929–940. https://doi.org/10.1109/TCYB.2017.2668395

Rhett, J. (2020, October 8). GPT-3 Bot Spends a Week Replying on Reddit, Starts Talking About the Illuminati. https://www.gizmodo.com.au/2020/10/gpt-3-bot-spends-a-week-replying-on-reddit-starts-talking-about-the-illuminati/

Rosenblatt, F. (1957). The Perceptron - A Perceiving and Recognizing Automaton (Project PARA). Report 85-460-1, Cornell Aeronautical Laboratory,

Russakovsky, O., Deng, J., Su, H., Krause, J., Satheesh, S., Ma, S., Huang, Z., Karpathy, A., Khosla, A., Bernstein, M., Berg, A. C., & Fei-Fei, L. (2015). ImageNet Large Scale Visual Recognition Challenge. *International Journal of Computer Vision (IJCV)*, 115(3), 211–252. https://doi.org/10.1007/s11263-015-0816-y

Samuel, A. L. (1959). Some Studies in Machine Learning Using the Game of Checkers. *IBM Journal of Research and Development*, 3(3), 210–229. https://doi.org/10.1147/rd.33.0210

Schaeffer, J., Burch, N., Björnsson, Y., Kishimoto, A., Müller, M., Lake, R., Lu, P., & Sutphen, S. (2007). Checkers Is Solved. *Science*, 317(5844), 1518–

よる文明の乗っ取り . 岩波書店 .
ユクスキュル , クリサート（著）, 日高敏隆 , 羽田節子（訳）(2005）. 生物から見た世界 . 岩波書店 .
ライフゲーム — Wikipedia (2021）. https://ja.wikipedia.org/wiki/ ライフゲーム
一茶研究会　一茶弐萬句データーベース作成プロジェクト（2014, January 5）. 一茶の俳句データベース（一茶俳句全集V1.30）. http://ohh.sisos.co.jp/cgi-bin/openhh/jsearch.cgi?group=hirarajp
中島秀之 (2013) . 人工知能とは (1) (<レクチャーシリーズ>人工知能とは〔第1回〕）. 人工知能学会誌 , 28(1）, 139–143. https://doi.org/10.11517/JJSAI.28.1_139
人工知能の歴史 — Wikipedia. (2021）. https://ja.wikipedia.org/wiki/人工知能の歴史
人工知能創作小説、一部が「星新一賞」1次審査通過（2016, March 21）. 日本経済新聞.
佐藤理史 (2016）. コンピュータが小説を書く日 ―AI作家に「賞」は取れるか. 日本経済新聞出版.
俳句 — Wikipedia (2021）. https://ja.wikipedia.org/wiki/俳句
俳句入門講座-1｜日本伝統俳句協会. (2017, October 2）. https://haiku.jp/tsukuru/2430/
句会 — Wikipedia (2021）. https://ja.wikipedia.org/wiki/句会
吉田拓海, 横山想一郎, 山下倫央, 川村秀憲 (2019）. 競輪における予想記事生成のためのレース結果予測. 情報処理学会論文誌, 60(10）, 1641–1652.
国立国語研究所 (2018, March 14）. GitHub — masayu-a/WLSP: Word List by Semantic Principles (WLSP）: “It is a collection of words classified and arranged by their meanings.” https://github.com/masayu-a/WLSP
国立国語研究所 コーパス開発センター (2017, August 3）.「UniDic」国語研短単位自動解析用辞書. https://unidic.ninjal.ac.jp/
国立研究開発法人新エネルギー・産業技術総合開発機構 , 国立研究開発法人産業技術総合研究所, 国立大学法人大阪大学, 学校法人中部大学 (2019, August 29). 製造現場でのロボットの自律的な作業を実現する AI 技術を開発｜NEDO. https://www.nedo.go.jp/news/press/AA5_101183.html
大内東 , 山本雅人 , 川村秀憲（2003）. 生命複雑系からの計算パラダイム：アントコロニー最適化法・DNA コンピューティング・免疫システム . 森北出版 .
手塚眞（2020）. AI は天才を生むか～人と AI の共同創作 . 人工知能 , 35(3）, 418–421. https://doi.org/10.11517/jjsai.35.3_418
文章生成 AI「GPT-3」が Reddit で 1 週間誰にも気付かれず人間と会話していたこ

W・ブライアン・アーサー（著）, 有賀裕二, 日暮雅通（訳）(2011）. テクノロジーとイノベーション 進化／生成の理論. みすず書房.

Waldrop, M. M.（著）田中三彦, 遠山峻征（訳）(2000）. 複雑系 : 科学革命の震源地・サンタフェ研究所の天才たち. 新潮社.

Winograd, T. (1972). Understanding natural language. *Cognitive Psychology*, 3 (1), 1–191. https://doi.org/10.1016/0010-0285(72)90002-3

Zhang, L., Yang, F., Daniel Zhang, Y., & Zhu, Y. J. (2016). Road crack detection using deep convolutional neural network. *2016 IEEE International Conference on Image Processing (ICIP)*, 3708–3712. https://doi.org/10.1109/ICIP.2016.7533052

ウィリアム・パウンドストーン（著）, 飯嶋貴子（訳）(2019）. 世界を支配するベイズの定理 ―スパムメールの仕分けから人類の終焉までを予測する究極の方程式―. 青土社.

キオクシア # 世界新記憶 01「TEZUKA 2020」(2020）. https://tezuka2020.kioxia.com/ja-jp/

クリフォード・A・ピックオーバー（著）, 川村秀憲（監訳）. 佐藤聡（訳）(2020）. 人工知能グラフィックヒストリー. NEWTON PRESS.

コネクテッドロボティクス株式会社 (2020). そばロボット｜コネクテッドロボティクス : 調理をロボットで革新する. https://connected-robotics.com/product/soba.html

チェ・ミニョン (2021, January 11）. わずか 1 日で " 嫌悪 " を学習した AI、「イルダ」が韓国社会に投げかけた質問 : 経済 : hankyoreh japan. http://japan.hani.co.kr/arti/economy/38801.html

デュ・ソートイ・マーカス（著）, 冨永星（訳）(2020）. レンブラントの身震い. 新潮社.

ノーバート・ウィーナー（著）池原止戈夫, 彌永昌吉, 室賀三郎, 戸田巖（訳）(2011）. ウィーナー サイバネティックス――動物と機械における制御と通信. 岩波書店.

パテント・トロール — Wikipedia (2020）. https://ja.wikipedia.org/wiki/ パテント・トロール

ブラックウッド・アルジャーノン（著）, 森郁夫（訳）(1961）. 秘密礼拝式. https://www.aozora.gr.jp/cards/001951/card59047.html

ホトトギス (雑誌) — Wikipedia (2021）. https://ja.wikipedia.org/wiki/ ホトトギス _（雑誌）

マイケル・ベンソン（著）, 添野知生, 中村融, 内田昌之, 小野田和子（訳）(2018). 2001 キューブリック、クラーク. 早川書房.

モラベック・ハンス（著）, 野崎昭弘（訳）(1991）. 電脳生物たち――超 AI に

桑原武夫 (1976). 第二芸術. 講談社学術文庫.
横山想一郎, 山下倫央, 川村秀憲, 武田清賢, 横川誠 (2018). ディープラーニングによる路面画像認識を用いたロードヒーティングの制御システム. 人工知能学会全国大会論文集, 2018, 4F2OS11d01-4F2OS11d01. https://doi.org/10.11517/pjsai.JSAI2018.0_4F2OS11d01
水谷静夫 (1979). 俳句を作る計算機. 日本文學, 52, 85–97.
知的財産戦略本部 (2016, May). 知的財産推進計画2016.
筒井康隆, 山下洋輔, タモリ, 赤塚不二夫, 赤瀬川原平, 奥成達 (1979). 定本ハナモゲラの研究. 講談社.
経済産業省 (2019, December). AI・データの利用に関する 契約ガイドライン 1.1 版 令和元年 12 月 経済産業省.
芭蕉俳句全集 (2013, September 11). http://www2.yamanashi-ken.ac.jp/~i-toyo/basho/haikusyu/Default.htm
角川書店 (編) (2019). 合本俳句歳時記　第五版. 角川書店.
金子満, 長尾康子(2008). シナリオライティングの黄金則 — コンテンツを面白くする —. ボーンデジタル.
青空文庫　Aozora Bunko (2021). https://www.aozora.gr.jp/
韓国のAIチャットボット　個人情報流出・差別発言で運営停止　|　聯合ニュース (2021, January 12). https://jp.yna.co.kr/view/AJP20210112003200882
高柳克弘 (2020, November 30).「こころ」を詠む.
鳥海不二夫, 大澤博隆 (2016). AI達は物語を生み出すか. 人工知能学会全国大会論文集, JSAI2016, 2F45-2F45. https://doi.org/10.11517/pjsai.JSAI2016.0_2F45

とが判明 — GIGAZINE (2020, October 8). https://gigazine.net/news/20201008-gpt-3-reddit/
日塔史 (2016). 汎用人工知能研究会(SIG-AGI)創設記念シンポジウム(研究会報告). 人工知能, 31(1), 109–110. https://doi.org/10.11517/jjsai.31.1_109
星新一 (1971). ボッコちゃん. 新潮社.
星新一 (1973). マイ国家. 新潮社.
星新一, 加藤まさし, 秋山匡 (2001). おーいでてこーい　ショートショート傑作選. 講談社.
星新一, 和田誠 (1957). 花とひみつ. 私家版.
星新一, 和田誠 (1999). きまぐれロボット. 理論社.
有限会社マルコボ.コム (編集) (2019). 100年俳句計画 2019年7月号(260号). 有限会社マルコボ.コム.
木戸口稜, 横山想一郎, 山下倫央, 川村秀憲 (2018). 深層学習を用いた車内動画の運転手領域に基づく異常行動の検出. 信学技報, 118(116), 53–59.
本阿弥書店編集部 (2019). 俳壇 — 6月号(第36巻第7号) (7th ed., Vol. 36).
松原仁 (2011). チューリングテストとは何か(<特集>チューリングテストを再び考える). 人工知能, 26(1), 42–44. https://doi.org/10.11517/jjsai.26.1_42
松原仁 (2020).『TEZUKA 2020』プロジェクト —人間とAI が協力してマンガを描く—. 人工知能, 35(3), 391–394. https://doi.org/10.11517/jjsai.35.3_391
松原仁, 川村秀憲(2019). 人工知能による文学創作 (小特集 創造性・芸術性におけるAIの可能性). 電子情報通信学会誌 , 102(3), 240–246. https://ci.nii.ac.jp/naid/40021922016/
松尾芭蕉(1982). 新潮日本古典集成 芭蕉句集. 新潮社.
松尾豊(編著), 中島秀之, 西田豊明, 溝口理一郎, 長尾真, 堀浩一, 浅田稔, 松原仁, 武田英明, 池上高志, 山口高平, 山川宏, 栗原聡 (著), 人口知能学会(監修) (2016). 人工知能とは . 近代科学社.
松尾豊, 栗原聡, 山川宏 (2014). 特集「第五世代コンピュータと人工知能の未来」にあたって. 人工知能, 29(2), 114. https://doi.org/10.11517/jjsai.29.2_114
松山市立子規記念博物館 (2021). 正岡子規の俳句検索／俳句､短歌ご愛好家の皆様へ|子規記念博物館. http://sikihaku.lesp.co.jp/community/search/index.php
松村明 (編)(2006). 大辞林 第三版. 三省堂.
栗原聡, 中島篤, 国松敦(2020). いかにして『ぱいどん』のシナリオは生まれたのか?. 人工知能, 35(3), 410–417. https://doi.org/10.11517/jjsai.35.3_410
栗原聡, 川野慈 (2020). いかにして『ぱいどん』のシナリオは生まれたのか?. 人工知能, 35(3), 402–409. https://doi.org/10.11517/jjsai.35.3_402

著者プロフィール

川村　秀憲（かわむら　ひでのり）

北海道大学大学院情報科学研究院教授。博士（工学）。小学校２年生よりプログラミングを始める。開発者の予想を超えた振る舞いをするコンピューターをつくることに興味がある。ニューラルネットワーク、機械学習などへの興味を経て、創発的計算、複雑系工学に興味が広がる。現在、「人工知能技術を応用し、人々の幸せに貢献する」をモットーに研究室学生とともに人工知能技術の社会応用、社会実装に関する研究を行う。

山下　倫央（やました　ともひさ）

北海道大学大学院情報科学研究院准教授。博士（工学）。「人はどのように社会システムを構築・維持・発展しているのか」という問題意識から、社会システムシミュレーションの開発や実社会データの収集・分析に取り組んできた。現在では、人工知能技術を主軸とする「社会システムの安定的かつ持続的な発展のための科学的な方法論の確立」を目指して、研究室スタッフ・学生とともに人工知能技術の社会応用、社会実装に関する研究を行う。

横山　想一郎（よこやま　そういちろう）

北海道大学大学院情報科学研究院助教。博士（情報科学）。小学生時代に父親のコンピューターに触れプログラミングに興味を持つ。組合せ最適化、スケジューリング問題の研究を経て、ディープラーニング、機械学習を含めた人工知能技術の社会応用に興味が広がる。現在、調和系工学研究室に所属し、研究室スタッフ・学生とともに人工知能技術の社会応用、社会実装に関する研究を行う。

北海道大学大学院調和系工学研究室のご案内

[QR]	調和系工学研究室 ホームページ http://harmo-lab.jp/
[QR]	調和系工学研究室 メールマガジン登録先 http://harmo-lab.jp/mailmagazine
[QR]	調和系工学研究室 Facebook https://www.facebook.com/harmony.hokudai
[QR]	AI俳句協会 https://aihaiku.org
[QR]	Twitter AI一茶くん https://twitter.com/AI49346791
[QR]	Twitter 調和系工学研究室AI川柳 https://twitter.com/ai_senryu

人工知能が俳句を詠む

—AI 一茶くんの挑戦—

2021 年 7 月 5 日　第 1 版第 1 刷発行
2021 年 11 月 20 日　第 1 版第 2 刷発行

著　者　川村秀憲・山下倫央・横山想一郎
発行者　村上和夫
発行所　株式会社 オーム社
郵便番号 101-8460
東京都千代田区神田錦町 3-1
電話 03(3233)0641(代表)
URL https://www.ohmsha.co.jp/

組版 明昌堂　印刷・製本 壮光舎印刷

ISBN978-4-274-22733-2 Printed in Japan

好評関連書籍

統計学図鑑

栗原伸一・丸山敦史／共著

THE VISUAL ENCYCLOPEDIA of STATISTICS

統計学は
科学の文法である

統計学図鑑

栗原伸一・丸山敦史［共著］
A5判／312ページ／定価（本体2500円【税別】）

「見ればわかる」
統計学の実践書！

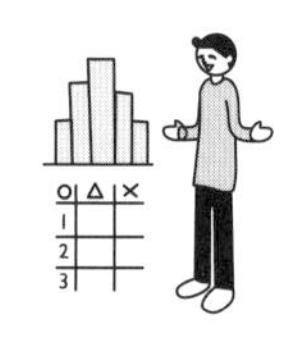

数学図鑑

～やりなおしの高校数学～

永野 裕之［著］
A5判／256ページ／定価（本体2200円【税別】）

苦手だった数学の
「楽しさ」に行きつける本！

～やりなおしの高校数学～

永野裕之／著
ジーグレイプ／制作

THE VISUAL ENCYCLOPEDIA OF MATHEMATICS

宇宙は
数学という言語で
書かれている